धरती की कहानी: भारत के भूगर्भीय रहस्य

शिव प्रसाद बोस

Published by Joy Bose

Copyright © 2025 Joy Bose

All rights reserved. No part of this book may be reproduced, or stored in a retrieval system, or transmitted in any form or by any means, electronic, mechanical, photocopying, recording, or otherwise, without express written permission of the publisher.

विषयसूची

समर्पण

यह पुस्तक भारत की पवित्र और भव्य भूमि को समर्पित है।

प्रस्तावना

दिल्ली हिलती है, उत्तराखंड में भूकंप के झटके महसूस होते हैं और हर साल हिमालय की ऊंची-ऊंची चोटियां आसमान की ओर बढ़ती हैं। हमारे पैरों के नीचे इस छिपे हुए नाटक का कारण क्या है? विशाल, समतल इंडो-गंगा के मैदानों से लेकर हिमालय की ऊबड़-खाबड़ चोटियों तक, भारत का परिदृश्य भूगर्भीय शक्तियों से जीवंत है। यह पुस्तक हमारे देश को आकार देने वाली अविश्वसनीय शक्तियों- भूकंप, प्राचीन भूमि की हलचल और गहरी-पृथ्वी के रहस्यों पर प्रकाश डालती है।

हम अक्सर अपने परिदृश्यों को हल्के में लेते हैं, लेकिन हर पहाड़, घाटी और तटरेखा एक आकर्षक कहानी कहती है। यह पुस्तक भूविज्ञान को जीवंत बनाती है- क्यों भूकंप दिल्ली को हिलाते हैं, क्यों दक्कन के पठार में समृद्ध लाल मिट्टी है, और क्यों श्रीलंका केरल के गुम हुए पहेली के टुकड़े जैसा दिखता है। आकर्षक कहानियों और आश्चर्यजनक तथ्यों के माध्यम से, हम भारत के गहरे भूवैज्ञानिक इतिहास को एक ऐसे तरीके से खोजते हैं जिसे कोई भी समझ सकता है।

यह पुस्तक मुख्य विषयों में विभाजित है:

एक हिलती हुई भूमि - क्यों दिल्ली और उत्तर में भूकंप आते हैं।

भारत का निर्माण - हिमालय का उदय, विशाल सिंधु-गंगा के मैदान का रहस्य और गोंडवाना का विघटन।

उग्र अतीत - दक्कन ज्वालामुखी, इसका दीर्घकालिक प्रभाव और इसकी लाल मिट्टी के पीछे के रहस्य।

तट, द्वीप और भूली हुई भूमि - कैसे श्रीलंका और केरल एक भूवैज्ञानिक अतीत साझा करते हैं, अंडमान और निकोबार द्वीप समूह का निर्माण और जलमग्न भूमि की कहानी।

यह हमें कैसे प्रभावित करता है - भारत के भूकंप, खनिज संपदा और हमारे दैनिक जीवन पर भूविज्ञान के प्रभाव को समझना।

स्वीकृतियाँ

इस पुस्तक को तैयार करने में लेखक भूविज्ञान से संबंधित निम्नलिखित पुस्तकों सहित विभिन्न स्रोतों का आभार व्यक्त करना चाहते हैं:

- Structural geology by Marland P. Billings
- Introduction To Geology by Dr. Vinod Agrawal, Dr. Harish Kapasya, Dr. Hemant Sen
- Principles of Engineering Geology by K.M. Bangar
- Physical geology: Mallory, B. & D. Cargo
- Geology of India and Burma by M. S. Krishnan

भाग 1: हिलती हुई भूमि - भूकंप और बढ़ते पहाड़

अध्याय 1: दिल्ली क्यों काँपती है

दिल्ली एक अशांत क्षेत्र के किनारे पर स्थित है - हर कुछ वर्षों में भूकंप क्यों शहर को हिला देते हैं? इसका उत्तर इंडो-गंगा के मैदान के नीचे है, जहाँ भारतीय प्लेट हिमालय से टकराती है। इस क्षेत्र की फॉल्ट लाइनें भूकंप के रूप में इसे छोड़ने से पहले सदियों तक ऊर्जा संग्रहीत करती हैं। यह अध्याय पिछले भूकंपों और भविष्य के लिए उनके अर्थों की पड़ताल करता है।

1.1 दिल्ली के नीचे छिपी हुई फॉल्ट लाइनें

दिल्ली और उसके आस-पास रहने वाले लाखों लोगों के लिए, भूकंप कभी-कभार होने वाली असुविधा की तरह लगते हैं - कुछ ऐसा जो केवल तब ध्यान में आता है जब ज़मीन कुछ सेकंड के लिए हिलती है। लेकिन राजधानी के नीचे, विशाल भूगर्भीय शक्तियाँ काम कर रही हैं, जो भविष्य के झटकों के लिए मंच तैयार कर रही हैं। दिल्ली दो प्रमुख भूकंपीय क्षेत्रों के बेहद करीब स्थित है: उत्तर में हिमालय भूकंपीय बेल्ट और इंडो-गंगा के मैदान के नीचे दिल्ली-मुरादाबाद फॉल्ट।

सिस्टम।

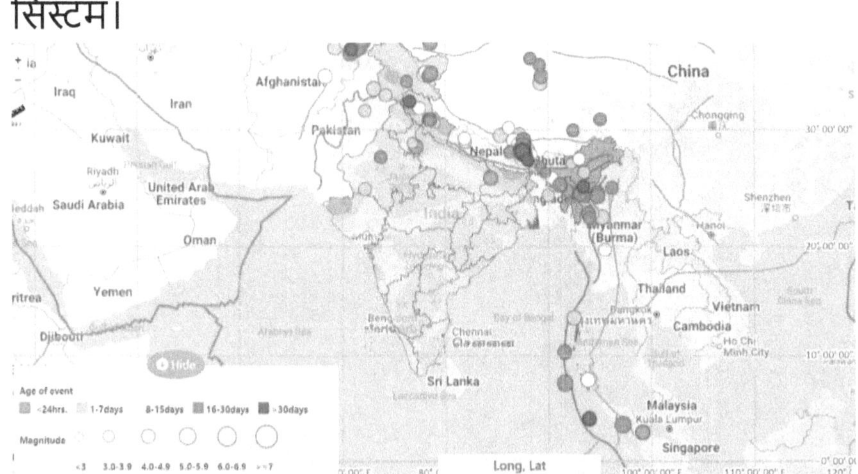

चित्र: भारत में भूकंप - राष्ट्रीय भूकंप विज्ञान केंद्र।
https://riseq.seismo.gov.in/riseq/earthquake

1.2 यहाँ भूकंप क्यों आते हैं

दिल्ली में महसूस किए जाने वाले ज़्यादातर झटके शक्तिशाली हिमालय से आते हैं, जहाँ भारतीय टेक्टोनिक प्लेट यूरेशियन प्लेट से लगभग 5 सेमी प्रति वर्ष की गति से टकरा रही है। यह टकराव फॉल्ट लाइनों के साथ अत्यधिक दबाव उत्पन्न करता है, जिसके रिलीज़ होने पर भूकंप आते हैं। लेकिन हिमालय से परे भी, इंडो-गंगा के मैदान के नीचे छिपी हुई फॉल्ट लाइनें कभी-कभी खिसक जाती हैं, जिससे अप्रत्याशित झटके आते हैं जो इमारतों को हिला सकते हैं और नसों को झकझोर सकते हैं।

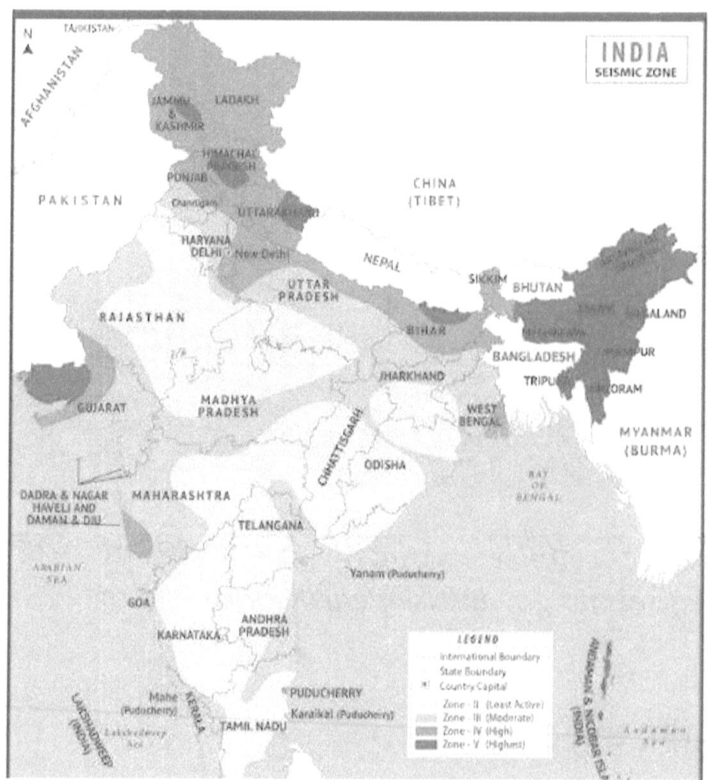

- 1905 का कांगड़ा भूकंप (7.8 तीव्रता) ने उत्तर भारत के बड़े हिस्से को तबाह कर दिया था।

- 1950 का असम भूकंप (8.6 तीव्रता) इस क्षेत्र में अब तक दर्ज सबसे शक्तिशाली भूकंपों में से एक था, जिसने भारत के पूरे पूर्वोत्तर हिस्से को हिलाकर रख दिया था।

- 1991 का उत्तरकाशी भूकंप (6.8 तीव्रता) ने हिमालय की तलहटी में काफी नुकसान पहुंचाया था।

- 2015 का नेपाल भूकंप (7.8 तीव्रता) दिल्ली में जोरदार तरीके से महसूस किया गया था, जिससे शहर की भूकंप संबंधी तैयारियों को लेकर चिंताएँ पैदा हो गई थीं।

1.4 क्या दिल्ली में बड़ा भूकंप आ सकता है?

वैज्ञानिकों ने चेतावनी दी है कि दिल्ली में बड़ा भूकंप आने वाला है। ऐतिहासिक भूकंपीय गतिविधि के अध्ययनों से पता चलता है कि हिमालयी दोष प्रणाली के साथ दबाव का निर्माण 7 या उससे अधिक तीव्रता का भूकंप ला सकता है, जो शहर की पुरानी इमारतों और घनी आबादी के लिए विनाशकारी होगा। जोखिम केवल काल्पनिक नहीं है - ऐतिहासिक रिकॉर्ड बताते हैं कि इस तीव्रता के भूकंप पहले भी उत्तरी भारत में आ चुके हैं, और वे फिर से आएँगे।

1.5 क्या किया जा सकता है

जबकि भूकंप को रोका नहीं जा सकता है, उनके प्रभाव को कम किया जा सकता है। कुछ प्रमुख उपायों में शामिल हैं:

- भूकंपरोधी निर्माण: यह सुनिश्चित करना कि नई इमारतें भूकंपरोधी डिजाइन मानकों का पालन करें।

- पुरानी संरचनाओं का नवीनीकरण: भूकंपीय झटकों का सामना करने के लिए पुरानी इमारतों को मजबूत बनाना।

- जन जागरूकता: लोगों को आपातकालीन तैयारी, सुरक्षित निकासी मार्गों और भूकंप के दौरान क्या करना है, इस बारे में शिक्षित करना।

- सरकारी तैयारी: प्रारंभिक चेतावनी प्रणाली और प्रतिक्रिया टीमों को मजबूत करना।

1.6 आगे की ओर देखना

दिल्ली के भूकंप हमें याद दिलाते हैं कि हम एक गतिशील, हमेशा बदलती रहने वाली पृथ्वी पर रहते हैं। वही ताकतें जो कभी हिमालय को ऊपर उठाती थीं और सिंधु-गंगा के मैदान को आकार देती थीं, आज भी काम कर रही हैं। अतीत को समझकर और भविष्य के लिए तैयारी करके, हम यह सुनिश्चित कर सकते हैं कि जब धरती हिले, तो हम तैयार रहें।

अध्याय 2: हिमालय अभी भी बढ़ रहा है

हिमालय सिर्फ़ बूढ़ा नहीं है - यह लगातार बढ़ रहा है! हर साल भारत 5 सेमी उत्तर की ओर खिसकता है, एशिया से टकराता है। इसका मतलब है कि एवरेस्ट और कंचनजंगा अभी भी ऊंचे हो रहे हैं। इस अध्याय में, हम चर्चा करते हैं कि यह हमारी नदियों, जलवायु और यहाँ तक कि भूकंपों को कैसे प्रभावित करता है।

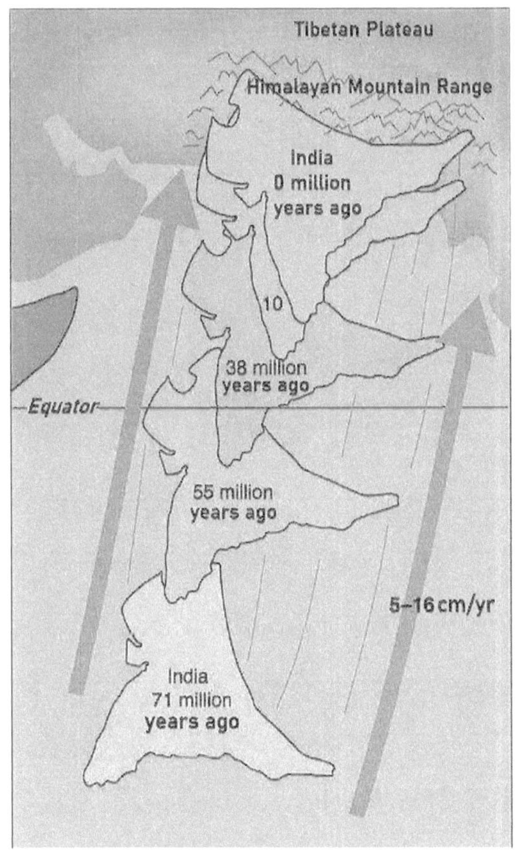

2.1 हिमालय का निरंतर उत्थान

पृथ्वी पर सबसे ऊंची और सबसे युवा पर्वत श्रृंखला हिमालय अभी भी बढ़ रही है। यह आश्चर्यजनक लग सकता है, लेकिन भारतीय टेक्टोनिक प्लेट यूरेशियन प्लेट के खिलाफ लगभग 5 सेमी प्रति वर्ष की दर से लगातार दबाव डाल रही है। यह धीमी लेकिन शक्तिशाली टक्कर पहाड़ों को ऊपर उठाती है, जिससे माउंट एवरेस्ट और कंचनजंगा जैसी चोटियाँ हर साल ऊँची होती जाती हैं।

2.2 उत्तराखंड की नाजुक ढलानें और जानलेवा भूस्खलन

हिमालय में बसा एक खूबसूरत राज्य उत्तराखंड भारत में सबसे अधिक भूस्खलन वाले क्षेत्रों में से एक है। इसके पीछे गहरे भूगर्भीय कारण हैं:

- अस्थिर युवा पर्वत: हिमालय भूगर्भीय रूप से युवा हैं, जिसका अर्थ है कि उनकी ढलानें अभी तक अच्छी तरह से संकुचित नहीं हुई हैं और फिसलने की संभावना है।

- मानसून की बारिश और कटाव: भारी बारिश ढीली चट्टान और मिट्टी को भिगो देती है, जिससे अक्सर भूस्खलन होता है।

- वनों की कटाई और निर्माण: सड़क निर्माण, वनों की कटाई और बड़े पैमाने पर पर्यटन (विशेष रूप से बद्रीनाथ और केदारनाथ के पास) जैसी मानवीय गतिविधियाँ ढलानों की प्राकृतिक स्थिरता को कमज़ोर करती हैं।

2.3 2013 की केदारनाथ आपदा

हाल के इतिहास में सबसे विनाशकारी भूवैज्ञानिक त्रासदियों में से एक 2013 की केदारनाथ आपदा थी। बादल फटने से बड़े पैमाने पर बाढ़ और भूस्खलन हुआ, जिससे हज़ारों लोगों की मौत हो गई और पूरे गाँव नष्ट हो गए। वैज्ञानिकों का मानना है कि बढ़ती जलवायु अस्थिरता और नाजुक क्षेत्रों में अनियंत्रित निर्माण ने आपदा के पैमाने में योगदान दिया।

2.4 हिमालय जलवायु और नदियों को कैसे प्रभावित करता है

हिमालय सिर्फ़ एक भूवैज्ञानिक चमत्कार नहीं है - यह भारत की जलवायु को आकार देता है। मध्य एशिया से आने वाली ठंडी हवाओं के लिए एक अवरोधक के रूप में कार्य करते हुए, यह

उपमहाद्वीप में जीवन को परिभाषित करने वाले मानसून पैटर्न को बनाने में मदद करता है। वे दुनिया की कुछ सबसे बड़ी नदियों को भी जन्म देते हैं:

- गंगा और यमुना: ग्लेशियरों से पोषित, ये नदियाँ लाखों लोगों का भरण-पोषण करती हैं।

- ब्रह्मपुत्र: सबसे शक्तिशाली नदियों में से एक, जो बड़े पैमाने पर मौसमी बाढ़ का शिकार होती है।

- सिंधु: ऐतिहासिक रूप से सभ्यता का उद्गम स्थल, लेकिन अब जल-बंटवारे के संघर्षों से जूझ रही है।

2.5 हिमालय का भविष्य

भूवैज्ञानिकों का अनुमान है कि हिमालय लाखों वर्षों तक बढ़ता रहेगा। हालाँकि, जलवायु परिवर्तन भी ग्लेशियरों के पिघलने को तेज़ कर रहा है, जिससे बाढ़ और अस्थिरता बढ़ सकती है। जैसे-जैसे हम इन पहाड़ों में और उसके आस-पास विकास करना जारी रखेंगे, आगे की आपदाओं को रोकने के लिए भूवैज्ञानिक ज्ञान के साथ विकास को संतुलित करना महत्वपूर्ण होगा।

अध्याय 3: विशाल सिंधु-गंगा का मैदान - समतलता का रहस्य

पंजाब से बंगाल तक फैला हुआ, सिंधु-गंगा का मैदान दुनिया के सबसे समतल क्षेत्रों में से एक है। इस अध्याय में बताया गया है कि कैसे लाखों वर्षों के कटाव, ग्लेशियर पिघलने और नदी तलछट ने प्राचीन परिदृश्यों को मिट्टी की परतों के नीचे दबा दिया, जिससे यह विशाल कृषि हृदयभूमि बन गई।

चित्र: इंडो गंगा मैदान। सार्वजनिक डोमेन, https://commons.wikimedia.org/w/index.php?curid=5921 29

3.1 समय के अनुसार आकार लेती भूमि

पंजाब से बंगाल तक फैला सिंधु-गंगा का मैदान दुनिया के सबसे बड़े और समतल जलोढ़ भू-भागों में से एक है। लेकिन यह विशाल, लगभग असंभव समतल भू-भाग कैसे अस्तित्व में आया? इसका उत्तर लाखों वर्षों के कटाव, ग्लेशियर पिघलने और उपमहाद्वीप को आकार देने वाली नदियों के अथक कार्य में निहित है।

3.2 हिमालय की भूमिका

भारत-गंगा के मैदान का अस्तित्व हिमालय के कारण है, जो एक विशाल जल मीनार के रूप में कार्य करता है। लाखों वर्षों में, ग्लेशियरों, मानसून की बारिश और तलछट को नीचे की ओर ले जाने वाली तेज़ नदियों द्वारा पहाड़ों का क्षरण हुआ है। गंगा, यमुना, सिंधु और ब्रह्मपुत्र नदियों ने सामूहिक रूप से भारी मात्रा में चट्टान और गाद को बहाया है, जिससे प्राचीन भू-भाग तलछट की मोटी परतों के नीचे दब गए हैं। इस निरंतर प्रक्रिया ने भूमि को कृषि के लिए समृद्ध बना दिया है, लेकिन प्राचीन घाटियों और पहाड़ों की रूपरेखा को भी मिटा दिया है जो कभी अस्तित्व में रहे होंगे।

3.3 तलछट फैक्ट्री

नदियाँ हिमालय से जितनी तलछट नीचे लाती हैं, उसकी मात्रा बहुत ज़्यादा है। हर साल, गंगा-ब्रह्मपुत्र नदी प्रणाली अकेले ही बंगाल की खाड़ी में लगभग 1.6 बिलियन टन तलछट ले जाती है। समय के साथ, इस संचय ने समतल, उपजाऊ मैदानों का निर्माण किया है जो 400 मिलियन से अधिक लोगों का भरण-पोषण करते हैं।

3.4 इंडो-गंगा का मैदान समतल क्यों है

कई अन्य नदी घाटियों के विपरीत, जो अंततः पहाड़ी या उतार-चढ़ाव वाले भूभाग का विकास करती हैं, इंडो-गंगा का मैदान आश्चर्यजनक रूप से समतल बना हुआ है। ऐसा निम्न कारणों से होता है:

- निरंतर तलछट जमाव: नदियाँ गाद की नई परतें जमा करना कभी बंद नहीं करती हैं, जिससे भूभाग में कोई भी बदलाव नहीं होता।

- टेक्टोनिक ताकतें: यह क्षेत्र अभी भी भूगर्भीय रूप से सक्रिय है, कुछ क्षेत्रों में भूमि का समतल होना भी भू-तल पर बना हुआ है।

- जल स्तर: व्यापक भूमिगत जलभृतों की उपस्थिति मिट्टी को ढीला रखती है और गहरी घाटियों या चट्टानों के निर्माण को रोकती है।

3.5 कृषि के गढ़ के रूप में मैदान

इस भूवैज्ञानिक उपहार ने इंडो-गंगा के मैदान को भारत के कृषि के गढ़ में बदल दिया है। यह क्षेत्र दुनिया के कुछ सबसे अधिक उत्पादक कृषि भूमि का घर है, जहाँ गेहूँ, चावल, गन्ना और दालें जैसी फसलें उगती हैं। जलोढ़ मिट्टी - जो मुलायम, पोषक तत्वों से भरपूर और खेती के लिए आसान है - ने हजारों वर्षों से सिंधु घाटी से लेकर आधुनिक पंजाब और बिहार तक सभ्यताओं को सहारा दिया है।

3.6 छिपे हुए भूगर्भीय जोखिम

लेकिन इस स्थिर दिखने वाले भूभाग में भी खतरे हैं:

- बाढ़: इसकी कम ऊंचाई और नदियों के विशाल नेटवर्क के कारण, सिंधु-गंगा का मैदान बाढ़ के लिए अत्यधिक संवेदनशील है, खासकर मानसून के दौरान।

- भूकंपीय गतिविधि: समतल होने के बावजूद, यह क्षेत्र प्रमुख फॉल्ट लाइनों के पास स्थित है, जिससे दिल्ली, पटना और लखनऊ जैसे शहर भूकंप के प्रति संवेदनशील हो जाते हैं।

- मिट्टी का क्षरण: रासायनिक उर्वरकों और असंवहनीय कृषि तकनीकों के अत्यधिक उपयोग से मैदानों की दीर्घकालिक उर्वरता को खतरा है।

3.7 लुप्त होती नदियाँ और जलवायु परिवर्तन

आज सिंधु-गंगा के मैदान के सामने सबसे बड़ी चुनौतियों में से एक जलवायु परिवर्तन है। वैश्विक तापमान में वृद्धि के कारण हिमालय के ग्लेशियर तेजी से पिघल रहे हैं, जिससे नदी के पैटर्न अप्रत्याशित तरीके से बदल सकते हैं। कुछ वैज्ञानिकों का अनुमान है कि:

- गर्मियों में भारी हिमनद पिघलने के कारण मौसमी बाढ़ और भी बदतर हो जाएगी।

- नदियाँ अपना मार्ग बदल सकती हैं, जिससे शहर और कृषि भूमि खतरे में पड़ सकती हैं।

- लंबे समय में, हिमनदों के कम होने से लाखों लोगों के लिए पानी की कमी हो सकती है।

3.8 दफ़न नदियों का रहस्य

भूवैज्ञानिकों और इतिहासकारों ने लंबे समय से अनुमान लगाया है कि सिंधु-गंगा के मैदान के नीचे प्राचीन, लुप्त नदियों के अवशेष हैं। सबसे पेचीदा सिद्धांतों में से एक प्राचीन हिंदू शास्त्रों में वर्णित सरस्वती नदी से जुड़ा है। सैटेलाइट इमेजरी ने पैलियोचैनल्स-सूखे नदी तलों की उपस्थिति का खुलासा किया है-जो यह सुझाव देते हैं कि एक विशाल नदी कभी आधुनिक हरियाणा और राजस्थान के कुछ हिस्सों से होकर बहती थी, जो

संभवतः टेक्टोनिक शिफ्ट या जलवायु परिवर्तन के कारण गायब हो गई।

3.9 अतीत, वर्तमान और भविष्य

यह विशाल मैदान न केवल एक भूवैज्ञानिक आश्चर्य है, बल्कि भारतीय सभ्यता का उद्गम स्थल भी है। इसके किनारों पर शहर बसे और गिरे, इसकी समृद्ध मिट्टी पर साम्राज्य पनपे और लाखों लोग इसके भंडार पर निर्भर हैं। हालाँकि, प्रदूषण, भूजल की कमी और जलवायु परिवर्तन जैसी आधुनिक चुनौतियाँ इसके भविष्य को खतरे में डालती हैं। इसके भूविज्ञान को समझने से हमें इस आवश्यक परिदृश्य की बेहतर देखभाल करने में मदद मिल सकती है, जिससे यह सुनिश्चित हो सके कि यह आने वाली पीढ़ियों के लिए उपजाऊ और रहने योग्य बना रहे।

भाग 2: भारत का निर्माण – सुपरमहाद्वीप और प्राचीन भूमि

अध्याय 4: जब भारत गोंडवाना का हिस्सा था

एक समय भारत मेडागास्कर और अंटार्कटिका से जुड़ा हुआ था। इस अध्याय में, राजस्थान के जीवाश्मों से लेकर तमिलनाडु की चट्टानों तक, हम भारत के खोए हुए महाद्वीप के अतीत के अवशेषों को उजागर करते हैं।

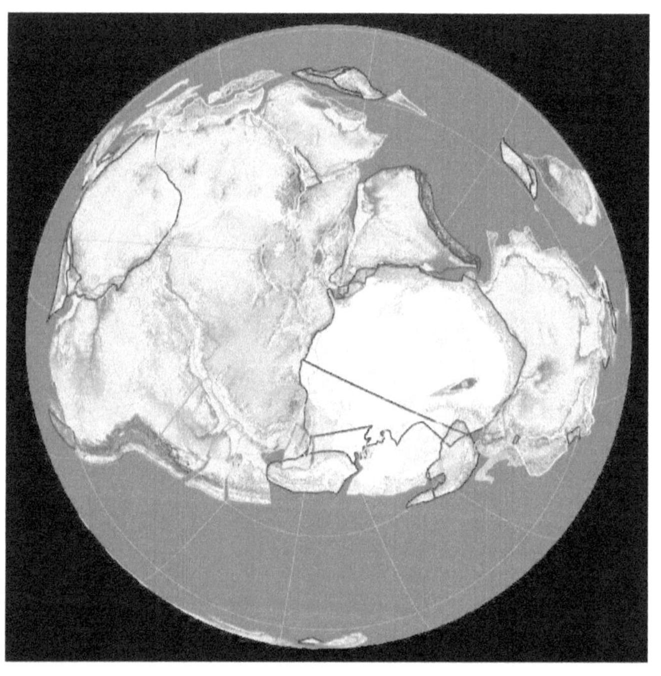

चित्र: 420 मिलियन वर्ष पहले गोंडवाना का दृश्य, दक्षिणी ध्रुव पर केन्द्रित। फामा क्लैमोसा द्वारा - स्वयं का कार्य, *CC BY-SA 4.0,*

एक समय भारत एक अलग भूभाग नहीं था, बल्कि एक बहुत बड़ी पहेली का एक टुकड़ा था- गोंडवाना, प्राचीन महाद्वीप। लगभग 180 मिलियन वर्ष पहले, गोंडवाना में आज का भारत, अंटार्कटिका, अफ्रीका, दक्षिण अमेरिका, ऑस्ट्रेलिया और मेडागास्कर शामिल थे। लेकिन जैसे-जैसे टेक्टोनिक बलों ने धक्का दिया और खींचा, यह विशाल भूभाग टूट गया और भारत ने अपनी नाटकीय उत्तर की ओर यात्रा शुरू कर दी।

4.1 चट्टानों से सुराग: एक खोई हुई दुनिया के साक्ष्य

आज, भूविज्ञानी भारत में बिखरी चट्टानों और जीवाश्मों का अध्ययन करके इस प्रागैतिहासिक अतीत को एक साथ जोड़ते हैं। राजस्थान में अरावली पर्वतमाला, जो दुनिया की सबसे पुरानी पर्वत प्रणालियों में से एक है, में गोंडवाना के कुछ शुरुआती साक्ष्य मौजूद हैं। इस बीच, आंध्र प्रदेश में कुडप्पा बेसिन में आदिम जीवन के जीवाश्म अवशेष हैं जो इस प्राचीन युग में पनपे थे। राजस्थान, मध्य प्रदेश और ओडिशा में पाए जाने वाले विलुप्त फर्न जैसे पौधे ग्लोसोप्टेरिस के जीवाश्म भारत और उसके पूर्व गोंडवाना पड़ोसियों के बीच सीधा संबंध दर्शाते हैं। ये जीवाश्म अंटार्कटिका, ऑस्ट्रेलिया और अफ्रीका में भी

पाए जाते हैं, जो साबित करते हैं कि ये महाद्वीप कभी जुड़े हुए थे।

4.2 मेडागास्कर और भारत: एक खोया हुआ संबंध

यदि आप मेडागास्कर और भारत के समुद्र तटों की तुलना करें, तो वे एक पहेली के टुकड़ों की तरह एक दूसरे से जुड़ते हुए प्रतीत होते हैं। यह कोई संयोग नहीं है - भारत और मेडागास्कर लगभग 88 मिलियन वर्ष पहले अलग होने से पहले लाखों वर्षों तक जुड़े रहे। भूवैज्ञानिकों ने दोनों भूभागों पर समान आग्नेय चट्टान संरचनाएं और समान डायनासोर जीवाश्म, जैसे माजुंगासॉरस, पाए हैं, जो इस संबंध को पुष्ट करते हैं।

4.3 भारत की उत्तर की ओर यात्रा: हिमालय का जन्म

मेडागास्कर से अलग होने के बाद, भारत एक अकेला यात्री बन गया, जो 15 सेमी प्रति वर्ष की गति से आगे बढ़ रहा था - जो पृथ्वी के इतिहास में दर्ज सबसे तेज़ टेक्टोनिक आंदोलनों में से एक है। लगभग 50 मिलियन वर्ष पहले, यह विशाल यूरेशियन प्लेट से टकराया, जिससे भूमि उखड़ गई और ऊपर की ओर धकेल दी गई, जिससे हिमालय का निर्माण हुआ, जो दुनिया की सबसे ऊँची पर्वत श्रृंखला है।

4.4 भारत के संसाधनों पर गोंडवाना का प्रभाव

प्राचीन गोंडवाना परिदृश्य ने न केवल भारत के भूगोल को आकार दिया - इसने बहुमूल्य संसाधनों के विशाल भंडार भी छोड़े:

- झारखंड, ओडिशा और छत्तीसगढ़ में कोयला: दलदली गोंडवाना वातावरण में पनपने वाले हरे-भरे जंगलों से बना।

- कर्नाटक में सोना: प्राचीन नदी प्रणालियों के अवशेषों में लाखों वर्षों से जमा है।

- मध्य प्रदेश में हीरे: पृथ्वी की पपड़ी के भीतर गहरे दबाव में निर्मित।

4.5 आधुनिक भारत में गोंडवाना की विरासत

गोंडवाना भले ही लाखों साल पहले टूट गया हो, लेकिन भारत पर इसका असर आज भी दिखाई देता है। पश्चिमी तट पर फैले पश्चिमी घाट की उत्पत्ति इस प्राचीन महाद्वीप से हुई है। सतपुड़ा और विंध्य पर्वतमाला, जो उत्तरी और दक्षिणी भारत को विभाजित करती हैं, गोंडवाना के टूटने से पहले की टेक्टोनिक शक्तियों द्वारा आकार लेती हैं।

यहां तक कि भारत के समृद्ध वन्यजीव भी इस प्रागैतिहासिक अतीत की प्रतिध्वनियाँ समेटे हुए हैं। पश्चिमी घाट और पूर्वी हिमालय में पाई जाने वाली कई प्रजातियों के अफ्रीका और

ऑस्ट्रेलिया में करीबी रिश्तेदार हैं, जो उनके साझा गोंडवाना वंश को उजागर करते हैं।

4.6 क्या होता अगर गोंडवाना टूटकर अलग नहीं होता

एक वैकल्पिक वास्तविकता की कल्पना करें जहाँ गोंडवाना बरकरार रहता। भारत अभी भी अंटार्कटिका से जुड़ा होता, संभवतः ग्लेशियरों से ढका होता। कोई हिमालय नहीं होता, गंगा जैसी मानसून-चालित नदियाँ नहीं होतीं, और एक पूरी तरह से अलग जलवायु और पारिस्थितिकी तंत्र होता। गोंडवाना का विखंडन महज एक भूवैज्ञानिक घटना नहीं थी - इसने भारत के अद्वितीय परिदृश्य, जलवायु और जैव विविधता के लिए आधार तैयार किया, जिसने उस उपमहाद्वीप को आकार दिया जिसे हम आज जानते हैं।

अध्याय 5: श्रीलंका – केरल का खोया हुआ जुड़वाँ भाई

श्रीलंका सिर्फ़ भारत के नज़दीक ही नहीं है - यह भूगर्भीय रूप से भी जुड़ा हुआ है। श्रीलंका और केरल की चट्टानें लगभग एक जैसी हैं, जो उस समय की ओर इशारा करती हैं जब वे एक भूभाग थे। इस अध्याय में, हम सीखते हैं कि वे अलग क्यों हुए, और यह हमें पृथ्वी की बदलती प्लेटों के बारे में क्या बताता है।

5.1 एक साझा भूवैज्ञानिक इतिहास

श्रीलंका और केरल नक्शे पर लगभग अलग-अलग जुड़वाँ बच्चों की तरह दिखते हैं, और उनका भूवैज्ञानिक अतीत इसकी पुष्टि करता है। दोनों भूभाग कभी प्राचीन गोंडवाना महाद्वीप के हिस्से के रूप में जुड़े हुए थे। जब भारत मेडागास्कर और अंटार्कटिका से दूर चला गया, तो श्रीलंका कुछ समय तक जुड़ा रहा, फिर अंततः अलग हो गया।

5.2 पश्चिमी घाट और श्रीलंका के हाइलैंड्स

भूगर्भीय रूप से, श्रीलंका के हाइलैंड्स पश्चिमी घाट का विस्तार हैं। श्रीलंका की केंद्रीय पहाड़ियों में पाई जाने वाली प्रीकैम्ब्रियन चट्टानें केरल की चट्टानों से लगभग मिलती-जुलती हैं। यह साझा

इतिहास दोनों क्षेत्रों के बीच भूभाग, वनस्पतियों और जीवों में समानताओं की व्याख्या करता है।

5.3 श्रीलंका मेडागास्कर की तरह दूर क्यों नहीं गया

मेडागास्कर के विपरीत, जो दूर चला गया, श्रीलंका इस क्षेत्र में कम टेक्टोनिक गतिविधि के कारण भारतीय उपमहाद्वीप के करीब रहा। उथला पाक जलडमरूमध्य, जो भारत और श्रीलंका को अलग करता है, कभी एक भूमि पुल था, जो प्रजातियों के प्रवास और मानव आंदोलन की अनुमति देता था।

5.4 आज की भूवैज्ञानिक और पारिस्थितिक चुनौतियाँ

- समुद्र का बढ़ता स्तर: जलवायु परिवर्तन केरल और श्रीलंका दोनों के निचले तटीय क्षेत्रों को खतरे में डालता है।

- रेत खनन: केरल और श्रीलंका में अनियमित खनन से कटाव और पारिस्थितिकी तंत्र को नुकसान हुआ है।

- वनों की कटाई: जैव विविधता से भरपूर पश्चिमी घाट और श्रीलंका के वर्षावन मानवीय गतिविधियों के कारण लगातार दबाव में हैं।

5.5 आगे बढ़ना

केरल और श्रीलंका के बीच भूवैज्ञानिक संबंध को समझने से हमें अपनी साझा प्राकृतिक विरासत की सराहना करने में मदद मिलती है। संधारणीय संरक्षण नीतियाँ भविष्य की पीढ़ियों के लिए इन अद्वितीय क्षेत्रों के परिदृश्य और जैव विविधता को संरक्षित करने में मदद कर सकती हैं।

भाग 3: ज्वलंत अतीत - ज्वालामुखी और दक्कन रहस्य

अध्याय 6: दक्कन ट्रैप – भारत का ज्वालामुखी अतीत

डायनासोर के गायब होने से पहले, पश्चिमी भारत लावा में डूब रहा था। डेक्कन ट्रैप्स विस्फोट पृथ्वी की सबसे बड़ी ज्वालामुखी घटनाओं में से एक था। इस अध्याय में, हम चर्चा करते हैं कि इसने आज के परिदृश्य को कैसे आकार दिया, और क्या इसने डायनासोर को खत्म करने में कोई भूमिका निभाई।

चित्र: डेक्कन ट्रैप्स का तिरछा उपग्रह दृश्य। प्लैनेट लैब्स, इंक, CC BY-SA 4.0 <https://creativecommons.org/licenses/by-sa/4.0>, विकिमीडिया कॉमन्स के माध्यम से

6.1 डेक्कन ट्रैप्स का जन्म

लगभग 66 मिलियन वर्ष पहले, बड़े पैमाने पर ज्वालामुखी विस्फोटों की एक श्रृंखला ने भारतीय उपमहाद्वीप को हिलाकर रख दिया था। हज़ारों वर्षों तक फैले इन विस्फोटों ने पश्चिमी और मध्य भारत में भारी मात्रा में लावा फैलाया, जिससे डेक्कन ट्रैप्स का निर्माण हुआ - जो पृथ्वी पर सबसे बड़ी ज्वालामुखीय विशेषताओं में से एक है। आज, यह क्षेत्र 500,000 वर्ग किलोमीटर से अधिक क्षेत्र में फैला हुआ है, जो ऊबड़-खाबड़ डेक्कन पठार का निर्माण करता है।

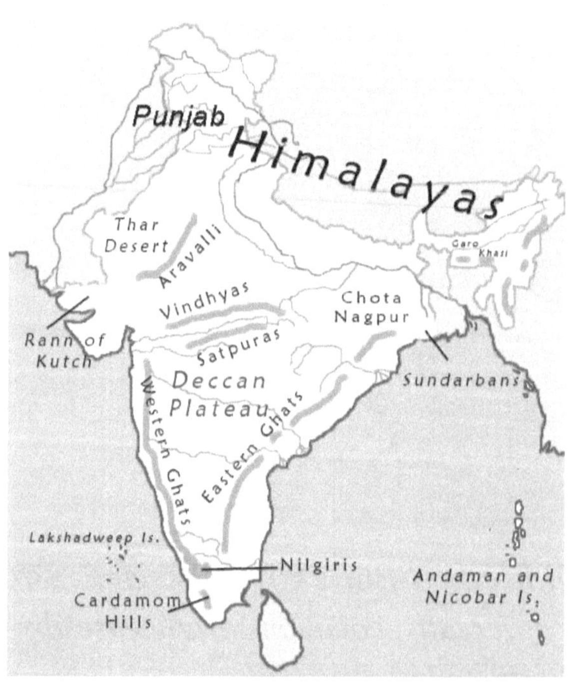

चित्र: भारत के क्षेत्र, विभिन्न पर्वत श्रृंखलाओं से घिरे दक्कन के पठार को दर्शाते हुए। निचलप, *CC BY-SA 3.0*

6.2 आग से बनी भूमि

दक्कन का पठार, जो मध्य और दक्षिणी भारत के अधिकांश भाग को कवर करता है, पृथ्वी के इतिहास में सबसे बड़े ज्वालामुखी विस्फोटों में से एक के कारण अस्तित्व में आया है। लगभग 66 मिलियन वर्ष पहले, क्रेटेशियस काल के अंत में, पृथ्वी की पपड़ी से लगातार लावा बहता रहा, जिसने भूमि को बेसाल्टिक चट्टान की परत दर परत ढक दिया। लाखों वर्षों में, अपक्षय और क्षरण ने इस कठोर ज्वालामुखी चट्टान को उपजाऊ लेकिन विशिष्ट रूप से लाल और काली मिट्टी में बदल दिया जो आज इस क्षेत्र को परिभाषित करती है।

6.3 दक्कन और डायनासोर का विलुप्त होना

एक आकर्षक सिद्धांत दक्कन ट्रैप विस्फोटों को सामूहिक विलुप्ति घटना से जोड़ता है जिसने डायनासोर को मिटा दिया। कुछ वैज्ञानिकों का मानना है कि इन विस्फोटों से कार्बन डाइऑक्साइड और सल्फर डाइऑक्साइड के बड़े पैमाने पर निकलने से नाटकीय जलवायु परिवर्तन हुए, जिससे पर्यावरणीय आपदाएँ हुईं और डायनासोर के विनाश में योगदान दिया।

6.4 भविष्य की ओर देखना: दक्कन का संरक्षण

इस भूगर्भीय रूप से महत्वपूर्ण क्षेत्र की स्थिरता सुनिश्चित करने के लिए, संरक्षण प्रयासों की आवश्यकता है:

- कटाव से निपटने के लिए मृदा संरक्षण तकनीकों को बढ़ावा देना।

- बेहतर जल प्रबंधन प्रथाओं को लागू करना।

- खनन और औद्योगिक गतिविधियों पर पर्यावरण संबंधी नियमों को लागू करना।

दक्कन का पठार सिर्फ़ धरती के ज्वलंत अतीत का अवशेष नहीं है - यह लाखों लोगों के जीवन और आजीविका को आकार देता है। इसके इतिहास को समझना और इसके संसाधनों की रक्षा करना एक स्थायी भविष्य की कुंजी है।

अध्याय 7: लाल मिट्टी का रहस्य - दक्कन के पठार के नीचे क्या छिपा है

दक्कन की मिट्टी लाल और काली रंग की है। ऐसा क्यों है? इस अध्याय में, हम यह पता लगाते हैं कि प्राचीन लावा प्रवाह ने भारत की समृद्ध कृषि भूमि कैसे बनाई और उनके रंगों के पीछे खनिज जादू क्या है।

7.1 दक्कन की मिट्टी लाल क्यों है

दक्कन की आकर्षक लाल मिट्टी समय के साथ लौह युक्त बेसाल्टिक चट्टान के ऑक्सीकरण का परिणाम है। लोहे का ऑक्सीकरण, धातु में जंग लगने की तरह, मिट्टी को लाल रंग प्रदान करता है। यह प्रक्रिया गर्म और आर्द्र जलवायु में होती है, जो दक्कन के अधिकांश हिस्सों में आम है। हालाँकि, लाल मिट्टी काली मिट्टी जितनी उपजाऊ नहीं होती है क्योंकि इसमें कार्बनिक पदार्थ और नाइट्रोजन की कमी होती है, जिससे कृषि को सहारा देने के लिए सावधानीपूर्वक खेती की तकनीक की आवश्यकता होती है।

7.2 काली कपास मिट्टी: एक किसान का खजाना

इसके विपरीत, काली मिट्टी, जिसे रेगुर मिट्टी के रूप में भी जाना जाता है, नमी को असाधारण रूप से अच्छी तरह से बनाए रखती है, जो इसे कपास, बाजरा और दालों जैसी फसलों के लिए आदर्श बनाती है। यह मिट्टी ज्वालामुखीय राख के जमाव से उत्पन्न हुई है और कैल्शियम, मैग्नीशियम और पोटाश जैसे खनिजों से भरपूर है। लाल मिट्टी के विपरीत, काली मिट्टी में मिट्टी की मात्रा अधिक होती है, जो इसे लंबे समय तक पानी को बनाए रखने में मदद करती है, जिससे शुष्क मौसम के दौरान फसलों को लाभ होता है।

7.3 प्राचीन नदियाँ और मिट्टी का निर्माण

लाखों वर्षों की बारिश, हवा और नदी की गतिविधियों ने दक्कन के पठार की मिट्टी को आकार दिया। गोदावरी, कृष्णा और नर्मदा नदियाँ पठार के पार तलछट ले जाती हैं, जिससे विशाल क्षेत्रों में खनिज और पोषक तत्व वितरित होते हैं। इसने लाल, काली और लैटेराइट मिट्टी का एक पैचवर्क बनाया, जिनमें से प्रत्येक में अलग-अलग गुण हैं जो आधुनिक कृषि और जल प्रतिधारण को प्रभावित करते हैं।

7.4 लाल मिट्टी के पीछे का रहस्य

दक्कन के पठार की सबसे खास विशेषताओं में से एक इसकी जीवंत लाल और काली मिट्टी है।

- लाल मिट्टी: आयरन ऑक्साइड की मौजूदगी दक्कन की मिट्टी को उसका खास लाल रंग देती है। इस तरह की मिट्टी अर्ध-शुष्क क्षेत्रों में आम है और कम कार्बनिक सामग्री के कारण कम उपजाऊ होती है।

- काली मिट्टी (रेगुर मिट्टी): अपक्षयित बेसाल्ट से बनी यह मिट्टी खनिजों से भरपूर है और अत्यधिक नमी बनाए

रखती है, जो इसे कपास जैसी फसलों के लिए आदर्श बनाती है।

7.5 कृषि पर प्रभाव

दक्कन की अनूठी मिट्टी ने भारत के कृषि विकास में महत्वपूर्ण भूमिका निभाई है। काली मिट्टी, जो पानी को रोकने की अपनी क्षमता के लिए जानी जाती है, कपास की खेती में सहायक है, जबकि लाल मिट्टी का उपयोग बाजरा, दालों और तिलहन की खेती के लिए किया जाता है। हालाँकि, जलवायु परिवर्तन और भूमि के अत्यधिक उपयोग ने मिट्टी के क्षरण को बढ़ा दिया है, जिससे इसकी उर्वरता को बनाए रखने के लिए टिकाऊ खेती के तरीकों की आवश्यकता है।

7.6 मानसून की भूमिका

मानसून दक्कन की मिट्टी को आकार देने में महत्वपूर्ण भूमिका निभाता है। मौसमी वर्षा से कटाव और पोषक तत्वों का पुनर्वितरण होता है, जिससे कुछ क्षेत्र उपजाऊ बनते हैं जबकि अन्य कम होते हैं। ज्वालामुखी इतिहास और मानसून से प्रेरित मिट्टी की गतिशीलता का संयोजन दक्कन के पठार को दुनिया के सबसे कृषि संबंधी जटिल क्षेत्रों में से एक बनाता है।

7.7 आधुनिक कृषि के लिए चुनौतियाँ

हालाँकि दक्कन की मिट्टी ने हज़ारों सालों से खेती का समर्थन किया है, लेकिन आधुनिक कृषि पद्धतियाँ गंभीर चुनौतियाँ पेश करती हैं:

- मिट्टी का कटाव: वनों की कटाई और अत्यधिक चराई के कारण मिट्टी का गंभीर क्षरण हुआ है, जिससे फसल की पैदावार कम हुई है।

- पानी की कमी: पठार की उच्च जल प्रतिधारण एक दोधारी तलवार है; सूखने पर काली मिट्टी फट जाती है, जिससे सिंचाई महत्वपूर्ण हो जाती है।

- पोषक तत्वों की कमी: रासायनिक उर्वरकों के अत्यधिक उपयोग ने मिट्टी की प्राकृतिक उर्वरता को छीन लिया है, जिससे दीर्घकालिक स्थिरता संबंधी चिंताएँ पैदा हुई हैं।

7.8 क्या दक्कन की मिट्टी भविष्य का सहारा बन सकती है?

वैज्ञानिक और पर्यावरणविद मिट्टी की उर्वरता को बनाए रखने के लिए टिकाऊ खेती की तकनीकों पर काम कर रहे हैं:

- क्षीण मिट्टी में सूक्ष्मजीवी गतिविधि को बहाल करने के लिए जैविक खेती को बढ़ावा दिया जा रहा है।

- वर्षा जल संचयन तकनीक किसानों को पानी की कमी से निपटने में मदद कर रही है।

- पोषक तत्वों को कम किए बिना भूमि को समृद्ध करने के लिए फसल चक्र और प्राकृतिक उर्वरकों का उपयोग किया जा रहा है।

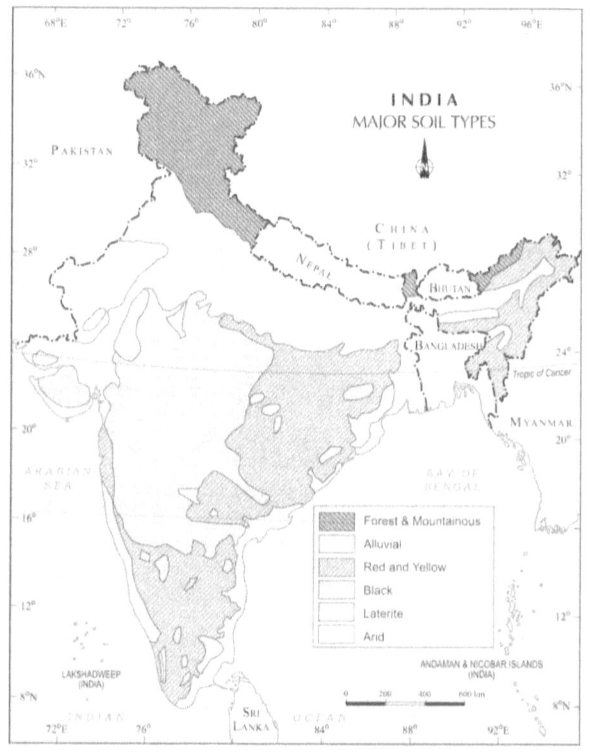

चित्र: भारत में प्रमुख मिट्टी के प्रकार/ *ncert, CC BY-SA 3.0 <https://creativecommons.org/licenses/by-sa/3.0>,* *विकिमीडिया कॉमन्स के माध्यम से*

7.9 उद्योग और इतिहास में दक्कन की लाल और काली मिट्टी

दक्कन के पठार की समृद्ध खनिज संरचना ने न केवल कृषि को बढ़ावा दिया है, बल्कि भारत के औद्योगिक विकास को भी बढ़ावा दिया है। यह क्षेत्र लौह, मैंगनीज और बॉक्साइट से भरपूर है, जो इसे खनन के लिए एक महत्वपूर्ण केंद्र बनाता है। इसके अतिरिक्त, दक्कन बेसाल्ट से बनी अजंता और एलोरा की गुफाएँ दर्शाती हैं कि भूविज्ञान ने भारत के स्थापत्य और कलात्मक इतिहास को कैसे प्रभावित किया है।

7.10 हमारे पैरों के नीचे एक भूवैज्ञानिक आश्चर्य

दक्कन के पठार की मिट्टी सिर्फ़ मिट्टी से कहीं ज़्यादा है - यह पृथ्वी के ज्वलंत अतीत का जीवंत रिकॉर्ड है, भारत की कृषि अर्थव्यवस्था की कुंजी है, और एक ऐसा संसाधन है जिसे भविष्य की पीढ़ियों के लिए सावधानीपूर्वक प्रबंधित किया जाना चाहिए। लाल और काली मिट्टी की उत्पत्ति और महत्व को समझना हमें अपने पैरों के नीचे की ज़मीन के लिए गहरी सराहना देता है, हमें याद दिलाता है कि धरती के रंग जैसी सबसे सरल चीज़ें भी लाखों सालों की कहानियाँ समेटे हुए हैं।

भाग 4: तट, द्वीप और भूली हुई भूमि

अध्याय 8: भारत की निरंतर बदलती तटरेखाएँ

गुजरात की बदलती रेत से लेकर सुंदरबन की डूबती ज़मीन तक, भारत के तट परिवर्तनशील हैं। इस अध्याय में, हम चर्चा करेंगे कि वे कैसे बने और भविष्य में बढ़ते समुद्री स्तरों के साथ वे कैसे बदलेंगे।

चित्र: वलियाथुरा केरल, भारत में समुद्री कटाव। भवप्रिया जे यू CC BY-SA 4.0 <https://creativecommons.org/licenses/by-sa/4.0>, via Wikimedia Commons

8.1 लगातार बदलती तटरेखा

भारत की विस्तृत तटरेखा, जो 7,500 किलोमीटर से अधिक तक फैली हुई है, देश के सबसे गतिशील परिदृश्यों में से एक है। गोवा के रेतीले तटों से लेकर सुंदरबन के मैंग्रोव दलदलों तक, तट लगातार समुद्री धाराओं, ज्वार और मानसून द्वारा आकार लेते हैं। लेकिन आज, तटीय कटाव, अनियंत्रित विकास और जलवायु परिवर्तन इन क्षेत्रों के लिए महत्वपूर्ण चुनौतियाँ पेश कर रहे हैं।

8.2 तटीय कटाव: एक बढ़ती चिंता

आधुनिक भारत भी बढ़ते समुद्र के स्तर और जलवायु परिवर्तन के कारण भूमि के लुप्त होने के खतरे का सामना कर रहा है। पश्चिम बंगाल में सुंदरबन, ओडिशा में चिल्का झील और केरल के तटीय गाँव जैसे क्षेत्र भूमि कटाव और जलमग्नता की खतरनाक दरों को देख रहे हैं। यदि वैश्विक तापमान में वृद्धि जारी रहती है, तो पूरे समुदाय विस्थापित हो सकते हैं, जो अतीत में खोई हुई भूमि की याद दिलाता है।

भारत के कुछ सबसे प्रसिद्ध समुद्र तट और तटरेखाएँ प्राकृतिक और मानव-प्रेरित कटाव के कारण सिकुड़ रही हैं। इसमें योगदान देने वाले कारकों में शामिल हैं:

- जलवायु परिवर्तन के कारण समुद्र का बढ़ता स्तर।

- रेत खनन प्राकृतिक तलछट पुनःपूर्ति को बाधित कर रहा है।

- बंदरगाहों और समुद्री दीवारों का निर्माण, प्राकृतिक तटीय गतिशीलता को बदल रहा है।

तमिलनाडु, केरल और ओडिशा जैसे राज्य गंभीर तटीय नुकसान देख रहे हैं, जिसका असर स्थानीय समुदायों, कृषि और मत्स्य पालन पर पड़ रहा है।

8.3 तटीय शहरों पर बढ़ते समुद्र का प्रभाव

मुंबई, चेन्नई और कोलकाता कम ऊंचाई पर स्थित हैं, इसलिए समुद्र का बढ़ता स्तर एक महत्वपूर्ण चिंता का विषय है। पूर्वानुमान बताते हैं कि 2100 तक, इन शहरों के कई हिस्से पानी के नीचे हो सकते हैं, जिससे लाखों लोग विस्थापित हो सकते हैं। बाढ़, मीठे पानी के स्रोतों में खारे पानी का प्रवेश और जैव विविधता का नुकसान बड़े खतरे हैं।

8.4 सुंदरबन: खतरे में मैंग्रोव पारिस्थितिकी तंत्र

सुंदरबन, बंगाल टाइगर और एक समृद्ध मैंग्रोव पारिस्थितिकी तंत्र का घर है, जो समुद्र के स्तर में वृद्धि के लिए सबसे कमजोर क्षेत्रों में से एक है। खारे और मीठे पानी का नाजुक संतुलन बिगड़ रहा है, जिससे वन्यजीव और स्थानीय मछली पकड़ने वाले समुदाय प्रभावित हो रहे हैं। वनों की कटाई और मानव अतिक्रमण ने स्थिति को और बिगाड़ दिया है।

8.5 संतुलन पाना: सतत तटीय विकास

जबकि आर्थिक विकास के लिए विकास आवश्यक है, लेकिन इसे स्थिरता के साथ संतुलित करना महत्वपूर्ण है। मदद करने वाले कदमों में शामिल हैं:

- हानिकारक निर्माण को रोकने के लिए तटीय विनियमन क्षेत्र (CRZ)।

- प्राकृतिक बफर के रूप में कार्य करने के लिए मैंग्रोव और आर्द्रभूमि की बहाली।

- पर्यावरणीय प्रभाव को कम करने के लिए अपतटीय पवन और ज्वारीय ऊर्जा जैसे नवीकरणीय ऊर्जा स्रोतों का उपयोग।

8.6 भारत की तटीय विरासत को कैसे संरक्षित करें

भारत की तटीय और जलमग्न विरासत को बचाने के लिए निम्नलिखित प्रयास चल रहे हैं:

- पानी के नीचे पुरातत्व: जलमग्न खंडहरों की खोज और उनका दस्तावेजीकरण करना, इससे पहले कि वे हमेशा के लिए खो जाएँ।

- तटीय संरक्षण: मैंग्रोव लगाना, रेत खनन को कम करना और सख्त तटीय सुरक्षा कानून लागू करना।

- जलवायु अनुकूलन: तटीय समुदायों को बढ़ते जल स्तर से बचाने के लिए रणनीति विकसित करना। भारत की तटरेखाएँ इसकी जीवन रेखा हैं, जो लाखों लोगों की आजीविका का आधार हैं। उन्हें पारिस्थितिकी क्षरण और जलवायु जोखिमों से बचाना देश के भविष्य के लिए महत्वपूर्ण है।

अध्याय 9: अंडमान और निकोबार – महासागर में ज्वालामुखी

अंडमान और निकोबार द्वीप समूह सिर्फ़ स्वर्ग नहीं हैं - वे जीवित भूविज्ञान हैं। यह अध्याय इन द्वीपों की ज्वालामुखीय उत्पत्ति और 2004 की सुनामी ने समुद्र के नीचे प्लेटों को बदलने की शक्ति को कैसे उजागर किया, इसकी खोज करता है।

चित्र: बैरन द्वीप (अंडमान का एक हिस्सा) में विस्फोट हुआ। अरिजय प्रसाद, *CC BY-SA 4.0 <https://creativecommons.org/licenses/by-sa/4.0>, via Wikimedia Commons*

9.1 द्वीपों का ज्वालामुखीय जन्म

अंडमान और निकोबार द्वीप समूह सिर्फ़ सुरम्य उष्णकटिबंधीय स्वर्ग नहीं हैं; वे एक भूवैज्ञानिक हॉटस्पॉट हैं। यूरेशियन प्लेट के नीचे इंडो-ऑस्ट्रेलियाई प्लेट के सबडक्शन द्वारा निर्मित, ये द्वीप एक सक्रिय टेक्टोनिक क्षेत्र का हिस्सा हैं जिसे सुंडा सबडक्शन ज़ोन के रूप में जाना जाता है। इन द्वीपों की ज्वालामुखीय उत्पत्ति के परिणामस्वरूप अद्वितीय परिदृश्य और समृद्ध जैव विविधता उत्पन्न हुई है।

9.2 भूकंप, सुनामी और एक बदलता परिदृश्य

एक टेक्टोनिक सीमा के पास स्थित होने के कारण, अंडमान और निकोबार द्वीप भूकंप और सुनामी के लिए अत्यधिक संवेदनशील हैं। 2004 में हिंद महासागर में आए सुनामी, एक बड़े समुद्री भूकंप से शुरू हुई, जिसने इस क्षेत्र में भारी तबाही मचाई, जिससे कुछ भूमि जलमग्न हो गई जबकि अन्य भूमि ऊपर उठ गई। इस क्षेत्र में भूवैज्ञानिक हलचलें इसकी स्थलाकृति को लगातार बदल रही हैं।

9.3 बदलती जलवायु और बढ़ता समुद्र

अंडमान और निकोबार द्वीप समूह में समकालीन चिंताओं में जलवायु परिवर्तन के कारण समुद्र का बढ़ता स्तर शामिल है। कई निचले इलाकों के जलमग्न होने का खतरा है, जिससे

स्थानीय समुदायों को अनुकूलन या स्थानांतरण करने के लिए मजबूर होना पड़ रहा है। तटीय कटाव और आवास की कमी से मानव बस्तियों और वन्यजीवों दोनों को खतरा है।

9.4 विकास और संरक्षण में संतुलन

द्वीपों की रणनीतिक स्थिति उन्हें राष्ट्रीय सुरक्षा और आर्थिक विकास के लिए महत्वपूर्ण बनाती है, फिर भी अनियंत्रित निर्माण और पर्यटन उनके नाजुक पारिस्थितिकी तंत्र के लिए जोखिम पैदा करते हैं। अंडमान और निकोबार द्वीप समूह के अद्वितीय भूवैज्ञानिक और पारिस्थितिक चरित्र को संरक्षित करने के लिए सतत योजना, बेहतर आपदा तैयारी और पारिस्थितिक संरक्षण प्रयास आवश्यक हैं।

अध्याय 10: भारत की खोई हुई भूमि

कुमारी कंदम की प्राचीन भूमि से लेकर जलमग्न मंदिर के खंडहरों तक, यह अध्याय भारत के खोए हुए भू-दृश्यों को उजागर करता है।

10.1 जलमग्न सभ्यताएँ और लुप्त भू-दृश्य

भारत का भू-भाग पिछले कई सहस्राब्दियों में नाटकीय रूप से बदल गया है, जो टेक्टोनिक बदलावों, बढ़ते समुद्री स्तर और जलवायु परिवर्तनों के कारण बदल गया है। पूरे शहर और क्षेत्र अब पानी के भीतर हैं। पौराणिक द्वारका से, जिसके बारे में माना जाता है कि वह समुद्र में समा गई है, से लेकर पौराणिक कुमारी कंदम तक, जिसे हिंद महासागर में खोया हुआ भू-भाग माना जाता है, भारत में जलमग्न रहस्यों का अपना उचित हिस्सा है।

चित्र: प्राचीन द्वारका शहर की एक पेंटिंग, जिसके बारे में कहा जाता है कि वह अब पानी के भीतर डूबा हुआ है। ग्रिंडलेज़, पब्लिक डोमेन, विकिमीडिया कॉमन्स के माध्यम से

10.2 द्वारका का रहस्य: तथ्य या कल्पना

प्राचीन ग्रंथों में भगवान कृष्ण के शहर द्वारका का वर्णन एक शानदार शहरी केंद्र के रूप में किया गया है, जो अंततः समुद्र के नीचे डूब गया। गुजरात के तट पर पुरातत्व खुदाई में पत्थर की संरचनाएँ, कलाकृतियाँ और मिट्टी के बर्तन मिले हैं, जो हज़ारों साल पहले एक उन्नत बस्ती की उपस्थिति का सुझाव देते हैं। कुछ शोधकर्ताओं का मानना है कि बदलती तटरेखाएँ और एक शक्तिशाली सुनामी ने इसके डूबने में योगदान दिया हो सकता है, जो इस पौराणिक कथा में एक भूवैज्ञानिक आयाम जोड़ता है।

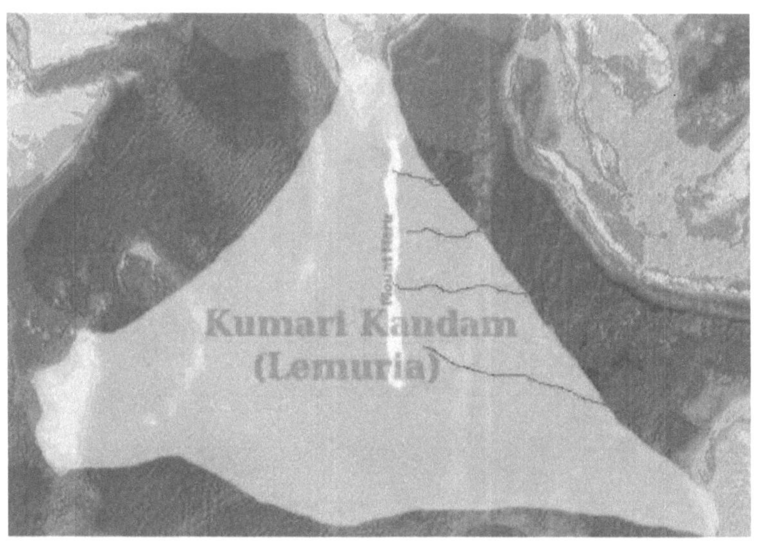

*चित्र: कुमारी कंदम (लेमुरिया) मानचित्र। CC BY-SA 3.0,
https://commons.wikimedia.org/w/index.php?curid=1889
920*

10.3 कुमारी कंदम: भारत का अटलांटिस

तमिल किंवदंतियों के अनुसार, कुमारी कंदम भारत के दक्षिण में एक विशाल भूभाग था, जो एक प्राचीन तमिल सभ्यता का घर था। हालाँकि इस खोए हुए महाद्वीप के लिए कोई ठोस भूवैज्ञानिक साक्ष्य नहीं है, लेकिन अध्ययनों से पता चलता है कि हज़ारों साल पहले समुद्र का स्तर बहुत कम था, जिससे ऐसी भूमि उजागर हुई जो अब जलमग्न है। भारत के दक्षिणी तट पर

डूबे हुए अवशेष इस बात के दिलचस्प सुराग देते हैं कि कभी क्या अस्तित्व में रहा होगा।

10.4 महाबलीपुरम के डूबे हुए मंदिर

2004 में, विनाशकारी हिंद महासागर सुनामी के बाद, प्रत्यक्षदर्शियों ने तमिलनाडु के तट से समुद्र से पत्थर की संरचनाएँ निकलते हुए देखीं। बाद में पानी के नीचे की खोजों ने प्राचीन मंदिरों के साक्ष्य प्रकट किए, जो समुद्र में खो गए शहर की लंबे समय से चली आ रही स्थानीय किंवदंतियों की पुष्टि करते हैं। ये खोजें इस बात पर प्रकाश डालती हैं कि कैसे प्राकृतिक आपदाएँ और भूवैज्ञानिक प्रक्रियाएँ नाटकीय रूप से तटरेखाओं को बदल सकती हैं और मानव इतिहास को लहरों के नीचे दफन कर सकती हैं।

10.5 लुप्त होती भूमि के पीछे का विज्ञान

भूमि के जलमग्न होने में कई भूवैज्ञानिक कारक योगदान करते हैं:

- टेक्टोनिक गतिविधि: पृथ्वी की पपड़ी की गति के कारण अचानक परिवर्तन हो सकते हैं, जिससे भूमि के कुछ हिस्से समुद्र तल से नीचे डूब सकते हैं।

- समुद्र का बढ़ता स्तर: जलवायु परिवर्तन और पिघलते ग्लेशियरों ने समुद्र के स्तर को बढ़ा दिया है, जिससे समय के साथ निचले इलाके जलमग्न हो गए हैं।

- कटाव और तटीय अवतलन: लगातार लहरों की हरकत, नदी में बाढ़ और मानसून तटरेखाओं को नष्ट कर देते हैं, जिससे भूमि धीरे-धीरे लुप्त हो जाती है।

भारत की खोई हुई भूमि केवल प्राचीन किंवदंतियाँ ही नहीं हैं - वे हमारे ग्रह के निरंतर बदलते परिदृश्य और प्राकृतिक शक्तियों की शक्ति की याद दिलाती हैं। हालाँकि हम कभी भी पूरी तरह से डूबे हुए क्षेत्र को पुनः प्राप्त नहीं कर सकते हैं, लेकिन इन खोई हुई दुनियाओं को समझने से हमें अपने वर्तमान और भविष्य को आकार देने वाली शक्तियों की सराहना करने में मदद मिलती है।

भाग 5: यह हमें कैसे प्रभावित करता है – मानवीय संबंध

अध्याय 11: भूकंप और रोज़मर्रा की ज़िंदगी

भूविज्ञान को समझना हमें भविष्य के भूकंपों के लिए तैयार होने में कैसे मदद कर सकता है? यह अध्याय भूकंपीय क्षेत्रों, कुछ शहरों के अधिक संवेदनशील होने के कारणों और भविष्य के लिए निर्माण करने के तरीकों के बारे में बताता है।

11.1 हिलती हुई ज़मीन पर रहना

भूकंपों ने भारत के इतिहास, भूगोल और शहरों को इस तरह से आकार दिया है, जिसके बारे में बहुत कम लोग जानते हैं। ऊंचे हिमालय से लेकर दिल्ली की भीड़-भाड़ वाली सड़कों तक, भूकंपीय गतिविधि एक अदृश्य शक्ति है जो लाखों लोगों के जीवन को खतरे में डालती है। लेकिन यह समझना कि भूकंप क्यों आते हैं, कौन से शहर सबसे अधिक संवेदनशील हैं और हम कैसे तैयारी कर सकते हैं, आपदा और जीवित रहने के बीच का अंतर हो सकता है।

11.2 भारत में इतने भूकंप क्यों आते हैं

भारत एक भूगर्भीय टकराव क्षेत्र में स्थित है - वह सीमा जहाँ भारतीय प्लेट यूरेशियन प्लेट से टकराती है। यह चल रही टेक्टोनिक हलचल निम्नलिखित के लिए जिम्मेदार है:

- हिमालय का उत्थान (जो अभी भी बढ़ रहा है!)।

- उत्तरी भारत, नेपाल और पाकिस्तान में लगातार भूकंप।

- प्राचीन फॉल्ट लाइनों के कारण मध्य और दक्षिणी भारत में कभी-कभार आने वाले झटके।

वैज्ञानिक भारत को चार भूकंपीय क्षेत्रों में वर्गीकृत करते हैं, जोन II (सबसे कम जोखिम) से लेकर जोन V (सबसे अधिक जोखिम)। हिमालयी क्षेत्र, पूर्वोत्तर भारत और गुजरात के कुछ हिस्से जोन V में आते हैं, जिससे वे विशेष रूप से विनाशकारी भूकंपों के लिए प्रवण हैं।

11.3 सबसे ज़्यादा जोखिम वाले शहर

कुछ भारतीय शहर अपने स्थान, जनसंख्या घनत्व और इमारत संरचनाओं के कारण दूसरों की तुलना में भूकंप के प्रति ज़्यादा संवेदनशील हैं:

- दिल्ली - प्रमुख फॉल्ट लाइनों के पास स्थित है और अक्सर भूकंप का अनुभव करता है।

- श्रीनगर - हिमालय में बसा, सबसे सक्रिय भूकंपीय क्षेत्रों में से एक।

- गुवाहाटी - पूर्वोत्तर में, जो कई फॉल्ट पर स्थित है और भूकंप के लिए अत्यधिक संवेदनशील है।

- शिमला और देहरादून - नाजुक हिमालय बेल्ट में स्थित है।

- भुज (गुजरात) - 2001 के भूकंप ने 20,000 लोगों की जान ले ली और इस क्षेत्र का स्वरूप बदल दिया।

इनमें से कई शहरों में खराब तरीके से बनी इमारतें हैं, जिससे बड़े भूकंप के दौरान नुकसान और हताहतों का जोखिम बढ़ जाता है।

11.4 हम सुरक्षित भविष्य के लिए कैसे निर्माण कर सकते हैं

आधुनिक भूकंप इंजीनियरिंग भूकंप से होने वाले विनाश को कम करने के लिए समाधान प्रदान करती है:

- लचीली इमारतें: जापान और कैलिफोर्निया ऐसी संरचनाओं का उपयोग करते हैं जो ढहने के बजाय हिलती हैं।

- बेस आइसोलेशन तकनीक: इमारतों को भूकंपीय ऊर्जा को अवशोषित करने वाली शॉक-अवशोषित नींव पर रखा जाता है।

- पुरानी इमारतों को फिर से तैयार करना: आधुनिक सामग्रियों के साथ मौजूदा संरचनाओं को मजबूत करना उन्हें अधिक लचीला बनाता है।

- ज़ोनिंग कानून: सरकारों को बिल्डिंग कोड लागू करना चाहिए, यह सुनिश्चित करना चाहिए कि नए निर्माण भूकंप का सामना कर सकें।

भारत धीरे-धीरे इन उपायों को अपना रहा है, लेकिन कई पुरानी संरचनाएं खतरनाक रूप से अप्रस्तुत हैं।

11.5 भारत के विनाशकारी भूकंप: अतीत से सबक

भारत के कुछ सबसे भयानक भूकंप हमें याद दिलाते हैं कि तैयारी क्यों महत्वपूर्ण है:

- 2001 भुज भूकंप (गुजरात, 7.7 तीव्रता) - कस्बों को तहस-नहस कर दिया, 20,000 लोगों की मौत हो गई और 600,000 लोग बेघर हो गए।

- 2015 नेपाल भूकंप (उत्तर भारत में महसूस किया गया, 7.8 तीव्रता) - काठमांडू को नष्ट कर दिया, दिल्ली को हिला दिया और लगभग 9,000 लोगों की जान ले ली।

- 1934 बिहार-नेपाल भूकंप (8.0 तीव्रता) - भारतीय इतिहास में सबसे घातक में से एक, जिसने पटना और नेपाल के कुछ हिस्सों को तहस-नहस कर दिया।

- 1993 लातूर भूकंप (6.2 तीव्रता, महाराष्ट्र) - प्रायद्वीपीय भारत में एक दुर्लभ घटना जिसने लगभग 10,000 लोगों की जान ले ली।

इनमें से प्रत्येक आपदा ने कमज़ोर इमारतों, धीमी प्रतिक्रिया समय और बेहतर भूकंप की तैयारी की तत्काल आवश्यकता को उजागर किया।

11.6 क्या हम भूकंप की भविष्यवाणी कर सकते हैं

तूफ़ान या बाढ़ के विपरीत, भूकंप बिना किसी चेतावनी के आते हैं। वैज्ञानिक निम्नलिखित का उपयोग करके पूर्वानुमान मॉडल पर काम कर रहे हैं:

- भूकंपीय पैटर्न - रुझानों का पता लगाने के लिए पिछले भूकंपों का अध्ययन करना।

- जानवरों का व्यवहार - कुछ जानवर भूकंप आने से पहले ही उसे महसूस कर लेते हैं।

- GPS मॉनिटरिंग - टेक्टोनिक प्लेटों में होने वाले छोटे बदलावों को ट्रैक करना।

जबकि कोई सटीक पूर्वानुमान प्रणाली मौजूद नहीं है, प्रारंभिक चेतावनी नेटवर्क भूकंप के बढ़ने से कुछ सेकंड पहले ही भूकंप का पता लगा सकते हैं, जिससे लोगों को आश्रय लेने का समय मिल जाता है।

11.7 भूकंप आने पर आपको क्या करना चाहिए

अगर भूकंप आता है, तो आपकी प्रतिक्रिया आपकी जान बचा सकती है:

- इमारत के अंदर: नीचे गिरें, ढँकें और पकड़ें। किसी मज़बूत मेज़ के नीचे शरण लें।

- बाहर: पेड़ों, इमारतों और बिजली की लाइनों से दूर रहें।

- गाड़ी चलाते समय: सुरक्षित तरीके से रुकें और पुलों या ओवरपास से बचें।

- तट के पास: सुनामी से बचने के लिए तुरंत ऊँची जगह पर चले जाएँ।

तैयारी का मतलब यह भी है:

- भोजन, पानी और दवा के साथ एक आपदा किट।

- एक पारिवारिक आपातकालीन योजना।

- अपने घर या कार्यस्थल में सुरक्षित स्थानों का ज्ञान।

11.8 भारत में भूकंप सुरक्षा का भविष्य

तेज़ी से हो रहे शहरीकरण के साथ, भारत को अपने शहरों को भूकंप-रोधी बनाने के लिए अभी से काम करना चाहिए:

- सख्त बिल्डिंग कोड - यह सुनिश्चित करना कि नई संरचनाएँ तेज़ झटकों का सामना कर सकें।

- जन जागरूकता अभियान - समुदायों को सिखाना कि कैसे तैयारी करनी है।

- प्रारंभिक चेतावनी प्रणाली - जापान और अमेरिका की तरह भूकंपीय पहचान नेटवर्क लागू करना।

- आपातकालीन प्रतिक्रिया प्रशिक्षण - बचाव कार्यों में नागरिकों और अधिकारियों को प्रशिक्षित करना।

वैज्ञानिक अनुसंधान, इंजीनियरिंग नवाचारों और सार्वजनिक शिक्षा को मिलाकर, भारत भूकंप से होने वाले नुकसान को कम कर सकता है और लोगों की जान बचा सकता है।

11.9 निष्कर्ष

भूकंप के साथ जीना भूकंप भारत के भूविज्ञान का एक अपरिहार्य हिस्सा हैं, लेकिन आपदा का होना ज़रूरी नहीं है। सही योजना, तकनीक और जागरूकता के साथ, हम एक ऐसा भविष्य बना सकते हैं जहाँ भूकंप का मतलब अब त्रासदी न हो।

अध्याय 12: हमारे पैरों के नीचे की दौलत

भारत की भूगर्भीय संपदा - कर्नाटक में सोना, झारखंड में कोयला, पन्ना में हीरे - ने अर्थव्यवस्थाओं और इतिहास को आकार दिया है। इस अध्याय में, हम संसाधन खनन के भविष्य पर चर्चा करते हैं।

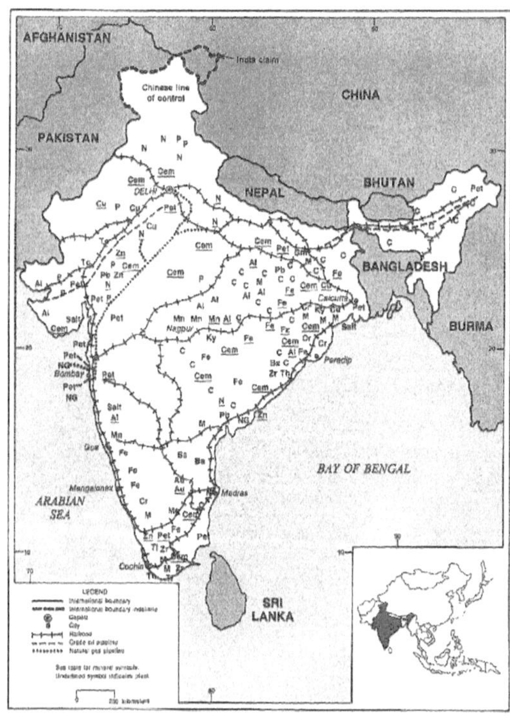

12.1 खनिजों से समृद्ध भूमि

भारत के विविध परिदृश्यों के नीचे एक अविश्वसनीय भूवैज्ञानिक खजाना छिपा है—कर्नाटिक में सोना, झारखंड में कोयला, मध्य प्रदेश में हीरे और ओडिशा में लौह अयस्क। इन संसाधनों ने भारत की अर्थव्यवस्था को आकार दिया है, उद्योगों को बढ़ावा दिया है और यहाँ तक कि ऐतिहासिक संघर्षों और वैश्विक व्यापार मार्गों को आकार देने में भी भूमिका निभाई है।

12.2 सोना: कर्नाटक का प्राचीन खजाना

कर्नाटक के कोलार गोल्ड फील्ड्स (KGF) और हट्टी गोल्ड माइंस भारत के सबसे पुराने और सबसे समृद्ध सोना उत्पादक क्षेत्रों में से हैं। यहाँ सोने के भंडार लगभग 2.5 अरब साल पुराने हैं, जो तीव्र भूतापीय गतिविधि के कारण पृथ्वी की पपड़ी के भीतर बने हैं। हालाँकि केजीएफ काफ़ी हद तक समाप्त हो चुका है, लेकिन भारत में अभी भी बहुत सारे अप्रयुक्त सोने के भंडार हैं, जिनका पता लगाया जाना बाकी है।

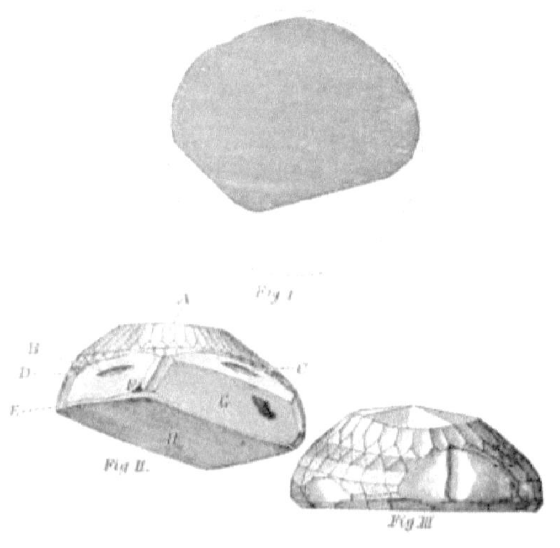

12.3 पन्ना में हीरे: भारत के राजाओं का रत्न

भारत कभी दुनिया का सबसे बड़ा हीरा उत्पादक था, तेलंगाना में गोलकुंडा की खदानें कोह-ए-नूर जैसे प्रसिद्ध रत्नों का उत्पादन करती थीं। आज, मध्य प्रदेश में पन्ना उन कुछ स्थानों में से एक है जहाँ अभी भी हीरे का खनन किया जाता है। ये हीरे पृथ्वी की सतह के नीचे अत्यधिक गर्मी और दबाव में लाखों वर्षों में बनते हैं।

12.4 काला सोना: भारत के कोयला भंडार

कोयला भारत के ऊर्जा क्षेत्र की रीढ़ है, झारखंड, ओडिशा और छत्तीसगढ़ में कुछ सबसे समृद्ध कोयला भंडार हैं। ये भंडार 300 मिलियन वर्ष पहले, कार्बोनिफेरस काल के दौरान बने थे, जब घने जंगल तलछट के नीचे दब गए थे और धीरे-धीरे कोयले में बदल गए थे। हालाँकि, प्रदूषण और जलवायु परिवर्तन के बारे में बढ़ती चिंताओं के साथ, भारत अब कोयला खनन को अक्षय ऊर्जा की ओर बदलाव के साथ संतुलित कर रहा है।

12.5 लौह अयस्क: भारत के उद्योग की नींव

इस्पात उत्पादन के लिए महत्वपूर्ण लौह अयस्क ओडिशा, छत्तीसगढ़ और कर्नाटक में प्रचुर मात्रा में पाया जाता है। छत्तीसगढ़ में बैलाडीला हिल्स और ओडिशा में बारबिल-क्योंझर बेल्ट घरेलू उद्योगों और निर्यात दोनों के लिए लौह अयस्क की आपूर्ति करते हैं, जिससे भारत वैश्विक इस्पात बाजार में एक प्रमुख खिलाड़ी बन गया है।

12.6 खनन की पर्यावरणीय लागत

जबकि भारत की खनिज संपदा ने आर्थिक विकास को बढ़ावा दिया है, इसने वनों की कटाई, भूमि क्षरण और स्थानीय समुदायों के विस्थापन को भी बढ़ावा दिया है। खनन के प्रभाव में शामिल हैं:

- जल प्रदूषण: खदानों से निकलने वाला पानी नदियों और भूजल को दूषित करता है।

- जैव विविधता का नुकसान: खनन प्राकृतिक पारिस्थितिकी तंत्र को बाधित करता है, जिससे वन्यजीव खतरे में पड़ जाते हैं।

- मानव विस्थापन: स्वदेशी समुदाय अक्सर बड़े पैमाने पर खनन कार्यों के कारण अपनी पैतृक भूमि खो देते हैं।

12.7 भारत में संसाधन निष्कर्षण का भविष्य

घटते भंडार और बढ़ती पर्यावरणीय चिंताओं के साथ, भारत में खनन का भविष्य निम्नलिखित जैसे संधारणीय तरीकों पर निर्भर करेगा:

- हरित खनन तकनीक: न्यूनतम पर्यावरणीय क्षति के साथ खनिजों को निकालने के लिए पर्यावरण के अनुकूल तरीकों का उपयोग करना।

- धातुओं का पुनर्चक्रण: धातु पुनर्चक्रण को बढ़ाकर खनन पर निर्भरता कम करना।

- गहरे समुद्र में खनन की खोज: भारत के समुद्र तट पर समुद्र तल पर अप्रयुक्त खनिज संसाधन हैं, जो जिम्मेदारी से किए जाने पर नई संभावनाएँ प्रदान करते हैं।

12.8 संतुलन बनाना: संसाधन निष्कर्षण बनाम संरक्षण

भारत की खनिज संपदा एक दोधारी तलवार है - आर्थिक विकास के लिए आवश्यक है, फिर भी पर्यावरणीय चुनौतियों से भरी हुई है। जैसे-जैसे हम नवीकरणीय ऊर्जा और संधारणीयता के भविष्य की ओर बढ़ रहे हैं, खनन उद्योग को यह सुनिश्चित करने के लिए अनुकूल होना चाहिए कि हमारे पैरों के नीचे की संपदा वर्तमान और भविष्य की पीढ़ियों दोनों को लाभान्वित करे।

अध्याय 13: भूविज्ञान के साथ जीवन

भूविज्ञान सिर्फ़ अतीत के बारे में नहीं है - यह हमारे भविष्य को प्रभावित करता है। इस अध्याय में बताया गया है कि भारत के भूदृश्य किस तरह कृषि, जल आपूर्ति और यहां तक कि पर्यटन को भी आकार देते हैं।

चित्र: भारत और श्रीलंका को जोड़ने वाले एडम ब्रिज या राम सेतु की नासा सैटेलाइट तस्वीर: भारत सबसे ऊपर, श्रीलंका सबसे नीचे। नेशनल एरोनॉटिक्स एंड स्पेस एडमिनिस्ट्रेशन, पब्लिक डोमेन, विकिमीडिया कॉमन्स के माध्यम से

13.1 एडम्स ब्रिज: मिथक और भूविज्ञान

एडम ब्रिज, या राम सेतु, भारत और श्रीलंका को जोड़ने वाले चूना पत्थर की एक श्रृंखला है। भूवैज्ञानिक साक्ष्य बताते हैं कि यह संरचना कभी एक भूमि पुल थी, जो संभवतः कम समुद्र के स्तर के दौरान चलने योग्य थी। हालाँकि इसकी उत्पत्ति पर बहस जारी है, लेकिन उपग्रह इमेजरी और भूवैज्ञानिक अध्ययनों से संकेत मिलता है कि समुद्र के स्तर में बदलाव और तलछट जमाव ने इसके वर्तमान स्वरूप में भूमिका निभाई है। पुल का महत्व विज्ञान से परे है, जो इतिहास, पौराणिक कथाओं और प्राकृतिक शक्तियों का एक प्रतिच्छेदन बनाता है।

13.2 चट्टानों ने भारतीय संस्कृति को कैसे आकार दिया

चट्टानों को तराश कर बनाए गए प्राचीन मंदिरों से लेकर शहरों की रणनीतिक स्थिति तक, भूविज्ञान ने भारतीय सभ्यता के पाठ्यक्रम को प्रभावित किया है। ग्रेनाइट, बलुआ पत्थर और चूना पत्थर की उपलब्धता ने महाबलीपुरम के मंदिरों, राजस्थान के किलों और अजंता और एलोरा की गुफाओं जैसी शानदार संरचनाओं के निर्माण को निर्धारित किया।

भूविज्ञान केवल अतीत के बारे में नहीं है - यह हमारे वर्तमान और भविष्य को आकार देना जारी रखता है। इसे समझकर हम अधिक टिकाऊ और लचीले भारत का निर्माण कर सकते हैं।

अध्याय 14: भारत की भूमि का भविष्य

क्या आने वाली शताब्दियों में भारत के भू-भाग बदलेंगे? जलवायु परिवर्तन हमारे पहाड़ों, मैदानों और तटरेखाओं को कैसे प्रभावित करेगा? इस अध्याय में, हम चुनौतियों और अवसरों पर नज़र डालते हैं।

14.1 बदलता भू-भाग: आगे क्या है

भारत का भू-भाग लगातार विकसित हो रहा है। जबकि हम अक्सर भू-भाग को स्थायी मानते हैं, भूविज्ञान हमें इसके विपरीत बताता है। आने वाली शताब्दियों में, भारत के पहाड़, मैदान और तटरेखाएँ जलवायु परिवर्तन, टेक्टोनिक गतिविधि और मानवीय प्रभाव के कारण गहन परिवर्तनों से गुज़रेंगी।

14.2 हिमालय: अभी भी बढ़ रहा है, अभी भी हिल रहा है

हिमालय अभी भी बढ़ रहा है, भारतीय और यूरेशियन प्लेटों के अथक टकराव से हर साल ऊपर की ओर बढ़ रहा है। बड़ा सवाल यह है कि क्या हम इस नाजुक क्षेत्र में विकास और संरक्षण को संतुलित कर सकते हैं।

14.3 सिंधु-गंगा का मैदान: बाढ़ और जल संकट का भविष्य

भारत-गंगा का मैदान, जहाँ 400 मिलियन से अधिक लोग रहते हैं, पर्यावरणीय बदलावों के प्रति भी संवेदनशील है। चुनौती यह है कि भविष्य में जब पानी की कमी आम बात हो सकती है, तो हम अपने जल संसाधनों का प्रबंधन कैसे करें।

14.4 दक्कन का पठार: सूखती हुई भूमि

प्राचीन ज्वालामुखी गतिविधि से आकार लेने वाला दक्कन का पठार, वनों की कटाई, अनियमित मानसून और मिट्टी की थकावट के कारण कुछ क्षेत्रों में रेगिस्तानीकरण का सामना कर रहा है। दक्कन की मिट्टी और जल प्रणालियों को बहाल करने के लिए पुनर्वनीकरण और पुनर्योजी कृषि का उपयोग करने का अवसर है।

14.5 भारत की डूबती तटरेखाएँ और लुप्त होते द्वीप

बढ़ता हिंद महासागर भारत के तटरेखा के किनारे की ज़मीन पर कब्ज़ा कर रहा है। मुंबई, चेन्नई और कोलकाता जैसे तटीय शहरों में बाढ़ का खतरा बढ़ गया है, जबकि सुंदरबन- रॉयल बंगाल टाइगर का घर- धीरे-धीरे डूब रहा है। इन कमज़ोर क्षेत्रों को बचाने के लिए तटीय सुरक्षा उपाय, मैंग्रोव बहाली और जलवायु अनुकूलन रणनीतियों की ज़रूरत है।

14.6 छिपा हुआ भविष्य: नीचे क्या है

जैसे-जैसे ज़मीन गायब होती जाती है, नए परिदृश्य उभरने लगते हैं। भविष्य के खोजकर्ता हमारी बदलती ज़मीन के नीचे खोई हुई नदियाँ, दबी हुई सभ्यताएँ और नए खनिज भंडार खोज सकते हैं। भूविज्ञान और पुरातत्व को मिलाकर भू-पुरातत्व का अध्ययन भारत के अतीत के बारे में अविश्वसनीय रहस्यों को उजागर कर सकता है और साथ ही हमें इसके भविष्य के लिए तैयार होने में मदद कर सकता है।

14.7 आगे का रास्ता: क्या भारत अनुकूलन कर सकता है

भारत की ज़मीन को आकार देने वाली ताकतें मानव नियंत्रण से परे हैं- लेकिन उनके प्रति हमारी प्रतिक्रिया नहीं है। संधारणीय नीतियाँ, वैज्ञानिक अनुसंधान और सामुदायिक कार्रवाई सबसे बुरे प्रभावों को कम करने में मदद कर सकती हैं। कुछ प्रमुख समाधानों में शामिल हैं:

- आपदा की तैयारी: भूकंप, बाढ़ और चक्रवातों के लिए पूर्व चेतावनी प्रणाली जीवन बचा सकती है।

- टिकाऊ भूमि उपयोग: बेहतर शहरी नियोजन भूजल की कमी और भूमि कटाव को रोक सकता है।

- संरक्षण प्रयास: पुनर्वनीकरण, आर्द्रभूमि संरक्षण और पर्यावरण के अनुकूल खेती हमारे परिदृश्यों को संरक्षित करने में मदद कर सकती है।

14.8 500 वर्षों में भारत: एक परिवर्तित भूमि

सदियों आगे की ओर देखें तो भारत का भूगोल बहुत अलग दिखाई दे सकता है। हिमालय ऊँचा होगा, इंडो-गंगा के मैदान के कुछ हिस्से पानी के नीचे हो सकते हैं, और नई नदी प्रणालियाँ उभर सकती हैं। लेकिन एक बात निश्चित है: भूमि में परिवर्तन जारी रहेगा, जैसा कि लाखों वर्षों से होता आ रहा है। इन बदलावों को समझना हमें आगे आने वाली चुनौतियों और अवसरों के लिए तैयार होने में मदद कर सकता है।

भारत की भूमि का भविष्य केवल भूविज्ञान के बारे में नहीं है - यह मानवीय लचीलेपन, अनुकूलन और आज हमारे द्वारा लिए जाने वाले विकल्पों के बारे में है। हमारी दुनिया को आकार देने वाली प्राकृतिक शक्तियों का सम्मान करके, हम यह सुनिश्चित कर सकते हैं कि भारत के परिदृश्य आने वाली पीढ़ियों के लिए जीवंत और जीवन-निर्वाह करने वाले बने रहें।

अध्याय 15: निष्कर्ष

भारत का परिदृश्य एक जीवंत कहानी की किताब है, जो अरबों वर्षों में चट्टान, पानी और आग में लिखी गई है। ऊंचे हिमालय से लेकर समतल इंडो-गंगा के मैदान तक, ज्वालामुखीय दक्कन पठार से लेकर डूबती तटीय भूमि तक, देश का भूविज्ञान निरंतर गतिशील है - टेक्टोनिक बलों, जलवायु परिवर्तन और मानवीय गतिविधियों द्वारा आकार लेता है।

15.1 सीखों का सारांश

इस पुस्तक में, हमने भारत का निर्माण करने वाली गहरी भूवैज्ञानिक शक्तियों को उजागर किया है:

- टेक्टोनिक टकराव जिसने हिमालय को जन्म दिया और भूकंप का कारण बना रहा।

- कटाव और अवसादन जिसने विशाल इंडो-गंगा के मैदान का निर्माण किया, जो भारतीय सभ्यता का उद्गम स्थल है।

- प्राचीन ज्वालामुखी विस्फोट जिसने दक्कन के पठार को आकार दिया, जो उपजाऊ लेकिन नाजुक मिट्टी को पीछे छोड़ गया।

- डूबी हुई भूमि और बदलती तटरेखाएँ, जहाँ बढ़ते समुद्र के स्तर और जलवायु परिवर्तन प्राचीन शहरों और आधुनिक बस्तियों को खतरे में डालते हैं।

- भारत की समृद्ध खनिज संपदा, जिसने उद्योगों को बढ़ावा दिया है, लेकिन स्थिरता पर चिंता भी जताई है।

- फिर भी, इन ताकतों के बावजूद, भारत का परिदृश्य केवल अतीत का अवशेष नहीं है - यह एक गतिशील, विकसित भूभाग है जो मानव जीवन को आकार देना जारी रखता है।

15.2 आगे की चुनौतियाँ

भारत का निर्माण करने वाली भूवैज्ञानिक ताकतें अभी भी काम कर रही हैं, लेकिन आज वे एक नए खिलाड़ी-मानव गतिविधि के साथ बातचीत कर रही हैं। जलवायु परिवर्तन, वनों की कटाई, संसाधनों का अत्यधिक दोहन और शहरी विस्तार तेजी से परिदृश्य को ऐसे तरीके से बदल रहे हैं जिसकी कुछ शताब्दियों पहले कल्पना भी नहीं की जा सकती थी।

मुख्य मुद्दे जिन पर तत्काल ध्यान देने की आवश्यकता है:

- दिल्ली, उत्तराखंड और पूर्वोत्तर जैसे उच्च जोखिम वाले क्षेत्रों में भूकंप की तैयारी।

- पर्यावरण संरक्षण के साथ आर्थिक आवश्यकताओं को संतुलित करने के लिए सतत खनन और संसाधन प्रबंधन।

- ग्लेशियरों के सिकुड़ने और नदियों के बहाव के कारण बदलती जलवायु में जल सुरक्षा।

- बढ़ते समुद्र और चरम मौसम से शहरों और जैव विविधता की सुरक्षा के लिए तटीय संरक्षण।

भूविज्ञान को समझना केवल अतीत को देखने के बारे में नहीं है - यह भविष्य के लिए तैयारी करने के बारे में है।

15.3 कार्रवाई का आह्वान: हम कैसे बदलाव ला सकते हैं

भूविज्ञान एक अमूर्त विज्ञान नहीं है - यह प्रभावित करता है कि हम कहाँ रहते हैं, हम कैसे खेती करते हैं, हम क्या बनाते हैं, और यहाँ तक कि हम प्राकृतिक आपदाओं से कैसे बचते हैं। भारत के परिदृश्यों को संरक्षित करने में हम में से हर एक की भूमिका है:

- आप जिस भूमि पर रहते हैं, उसके बारे में जानें—उसका इतिहास, उसके जोखिम और उसे कैसे सुरक्षित रखें।

- ऐसी नीतियों का समर्थन करें जो टिकाऊ भूमि उपयोग और संरक्षण को बढ़ावा देती हैं।

- निर्माण, खेती या ऊर्जा उपयोग में जिम्मेदार प्रथाओं को अपनाएँ—जो पर्यावरणीय प्रभाव को कम से कम करें।

- भविष्य की चुनौतियों के लिए तैयार होने में मदद करने के लिए वैज्ञानिक अनुसंधान और भूवैज्ञानिक जागरूकता को प्रोत्साहित करें।

15.4 भारत की हमेशा बदलती कहानी

भारत एक गतिशील भूमि है—हमेशा बदलती रहती है, हमेशा खुद को नया आकार देती रहती है। पहाड़ बढ़ते रहेंगे, नदियाँ नए रास्ते बनाती रहेंगी, भूमि काँपती रहेगी और ठीक होती रहेगी।

हम इस भव्य कहानी का केवल एक छोटा सा हिस्सा हैं, लेकिन आज हम जो चुनाव करेंगे, वे यह निर्धारित करेंगे कि यह परिदृश्य भविष्य की पीढ़ियों के लिए कैसे जीवित रहेगा। अपनी भूमि का सम्मान और समझ करके, हम यह सुनिश्चित कर सकते हैं कि भारत के भूवैज्ञानिक चमत्कार आने वाली सदियों तक ज्ञान, सुंदरता और जीवन का स्रोत बने रहें।

प्रमुख भूवैज्ञानिक शब्दों की शब्दावली

जलोढ़ मिट्टी - नदियों द्वारा जमा की गई उपजाऊ मिट्टी, जो आमतौर पर भारत-गंगा के मैदान में पाई जाती है।

जलभृत - चट्टान या तलछट की भूमिगत परतें जो पानी को रोककर रखती हैं और भूजल की आपूर्ति करती हैं।

बेसाल्ट - ठंडे लावा से बनी एक ज्वालामुखीय चट्टान, जो दक्कन के पठार में पाई जाती है।

जैव विविधता - एक पारिस्थितिकी तंत्र में जीवन की विविधता, जो भूगर्भीय परिवर्तनों जैसे कि कटाव और जलवायु परिवर्तन से प्रभावित होती है।

कार्बोनिफेरस काल - एक समय अवधि (लगभग 300 मिलियन वर्ष पहले) जब घने जंगल मौजूद थे, जिससे भारत में कोयले के भंडार का निर्माण हुआ।

महाद्वीपीय बहाव - प्लेट टेक्टोनिक्स के कारण लाखों वर्षों में पृथ्वी के महाद्वीपों की धीमी गति।

क्रस्ट - पृथ्वी की सबसे बाहरी परत, जहाँ भूगर्भीय गतिविधि होती है।

डेक्कन ट्रैप - मध्य भारत में एक विशाल ज्वालामुखी क्षेत्र जो लगभग 66 मिलियन वर्ष पहले बड़े पैमाने पर विस्फोटों से बना था।

निक्षेपण - नदियों, हवा या ग्लेशियरों द्वारा तलछट जमा होने की प्रक्रिया, जो इंडो-गंगा के मैदान जैसे परिदृश्य को आकार देती है।

अपरदन - वह प्रक्रिया जिसके द्वारा हवा, पानी और बर्फ समय के साथ चट्टानों और मिट्टी को घिसते हैं।

उपरिकेंद्र - पृथ्वी की सतह पर वह बिंदु जहाँ भूकंप की उत्पत्ति होती है, उसके ठीक ऊपर।

भ्रंश रेखा - पृथ्वी की पपड़ी में एक दरार जहाँ हलचल होती है, जिससे भूकंप आते हैं।

जीवाश्म - तलछटी चट्टानों में पाए जाने वाले प्राचीन पौधों और जानवरों के संरक्षित अवशेष या निशान।

गोंडवाना - एक प्राचीन महाद्वीप जिसमें टूटने से पहले भारत, अंटार्कटिका, अफ्रीका और ऑस्ट्रेलिया शामिल थे।

ग्लेशियर - बर्फ का एक बड़ा, धीमी गति से चलने वाला द्रव्यमान जो कटाव और तलछट परिवहन के माध्यम से परिदृश्य को आकार देता है।

हिमालयन ओरोजेनी - भूवैज्ञानिक प्रक्रिया जिसने भारतीय और यूरेशियन प्लेटों के टकराव के कारण हिमालय का निर्माण किया।

आग्नेय चट्टान - ठंडे लावा या मैग्मा से बनी चट्टान, जैसे डेक्कन ट्रैप में बेसाल्ट।

सिंधु-गंगा का मैदान - लाखों वर्षों से हिमालय से तलछट के जमाव से निर्मित एक विशाल समतल भूमि।

भूस्खलन - चट्टान और मिट्टी का ढलान से अचानक खिसकना, जो अक्सर भूकंप या भारी वर्षा के कारण होता है।

लावा - पिघली हुई चट्टान जो ज्वालामुखी से निकलती है और सतह पर ठंडी हो जाती है।

मैग्मा - पृथ्वी की सतह के नीचे पिघली हुई चट्टान जो फटने पर लावा बनाती है।

मेटामॉर्फिक रॉक - चट्टान जो गर्मी और दबाव से बदल गई है, जैसे चूना पत्थर से संगमरमर।

ओरोजेनी - टेक्टोनिक बलों के कारण पर्वत निर्माण की प्रक्रिया, जैसा कि हिमालय में देखा जाता है।

प्लेट टेक्टोनिक्स - यह सिद्धांत कि पृथ्वी की पपड़ी बड़ी प्लेटों में विभाजित है जो ग्रह की सतह को आकार देते हुए चलती और परस्पर क्रिया करती हैं।

प्रीकैम्ब्रियन युग - पृथ्वी के इतिहास का सबसे पहला भाग, जब पहले महाद्वीप और जीवन रूप दिखाई दिए।

लाल मिट्टी - लोहे के ऑक्साइड से भरपूर मिट्टी, जो इसे लाल रंग देती है, आमतौर पर डेक्कन पठार में पाई जाती है।

भूकंपीय क्षेत्र - टेक्टोनिक गतिविधि के कारण भूकंप के लिए प्रवण क्षेत्र, जैसे कि हिमालय क्षेत्र और उत्तर भारत के कुछ हिस्से।

अवसादी चट्टान - जमा सामग्री की परतों से बनी चट्टान, जिसमें अक्सर जीवाश्म होते हैं।

सबडक्शन ज़ोन - एक टेक्टोनिक सीमा जहाँ एक प्लेट दूसरे के नीचे चलती है, जिससे अक्सर पहाड़ और भूकंप बनते हैं।

टेक्टोनिक प्लेट - पृथ्वी की पपड़ी के बड़े हिस्से जो चलते हैं और आपस में जुड़ते हैं, जिससे भूकंप आते हैं और भू-आकृतियाँ बनती हैं।

सुनामी - पानी के नीचे भूकंप या ज्वालामुखी विस्फोट के कारण होने वाली एक बड़ी समुद्री लहर।

ज्वालामुखी - मैग्मा के पृथ्वी की सतह तक पहुँचने और ज्वालामुखी बनाने की प्रक्रिया, जैसा कि डेक्कन ट्रैप्स में देखा गया है।

लेखक के बारे में

शिव प्रसाद बोस भारतीय कानूनों के पहलुओं पर परिचयात्मक गाइडबुक के लेखक हैं। वे वर्तमान में उत्तर प्रदेश पावर कॉरपोरेशन लिमिटेड में इलेक्ट्रिकल इंजीनियर के रूप में कई वर्षों की सेवा के बाद सेवानिवृत्त हुए हैं। उन्होंने जादवपुर विश्वविद्यालय, कोलकाता से इंजीनियरिंग की डिग्री प्राप्त की और मेरठ विश्वविद्यालय, मेरठ से कानून की डिग्री और एमएमएच कॉलेज, गाजियाबाद से बीएससी की डिग्री प्राप्त की। उनकी रुचि पारिवारिक कानून, नागरिक कानून, अनुबंधों के कानून और संरक्षण और पारिस्थितिकी से संबंधित क्षेत्रों में है। वे दिल्ली में रहते हैं।

शिव प्रसाद बोस की अन्य पुस्तकें

भारत में वन्यजीव संरक्षण का परिचय

भारतीय स्मारकों के संरक्षण का परिचय